让钩针编织更好玩

奇妙的钩针编织

Wonder Crochet

编著
译

河南科学技术出版社
· 郑州 ·

目录

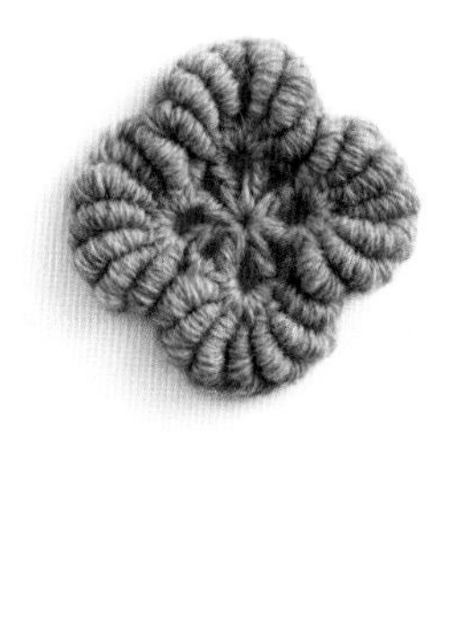

Wonder Crochet Pattern

奇妙的钩针编织图案

这里汇集的钩针编织花样虽然很简单，但却透露出不可思议的存在感。
与众不同的挑针方法、针目的新颖组合方法，编织的时候会令人兴奋不已。
如果能在作品中加入这些花样，整体的设计感也会更强。
仅看符号图而不易理解的技巧，可参照要点教程(Point Lesson)。

※样片与作品使用的颜色时有不同。
※为了让编织方法中的要点教程更加简单明了，示范作品的针数、行数都有调整。
实际编织时，请参照作品的编织符号图。

Crocheted Puff Entrelac Stitch

枣形针的白桦编织

这是将中长针的枣形针花样横竖交错排列而形成的花样。
调整从行上挑取的针目的数量和位置，让每一个方块都成为漂亮的正方形，是编织的要点。

作品◇p.6、7

◇ 样片 (Swatch) ◇

◇ 图解 (Pattern) ◇

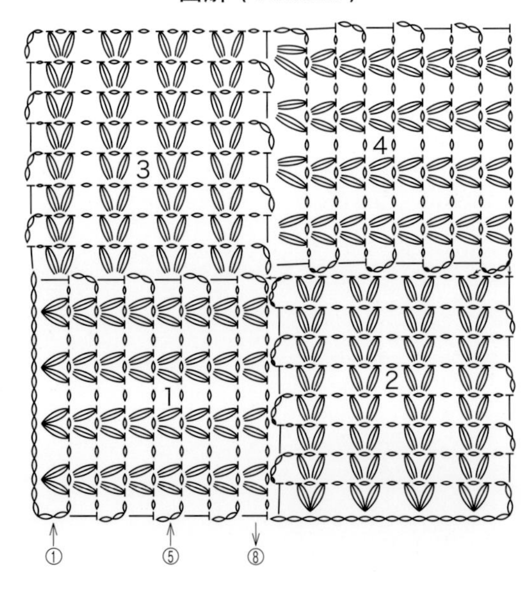

Maple Leaf Stitch

枫叶针

由往返钩织的两行，构成了类似于枫叶形状的编织花样。圆形的树叶部分，使用的是变化的枣形针，从而使其更加蓬松。

由于还夹着带有镂空的行，完成后的成品也较轻柔。

作品◇p.8、9

Crocheted Aran Stitch

拉针的阿兰花样

这是使用由长针的拉针编织出来的菱形花样和麻花花样，以及布满了小球球的阿兰花样。

超强的立体感与大型花样的气魄交相辉映，是一款存在感十足的织片。

作品◇p.10、11

◇ 样片 ◇

◇ 图解 ◇

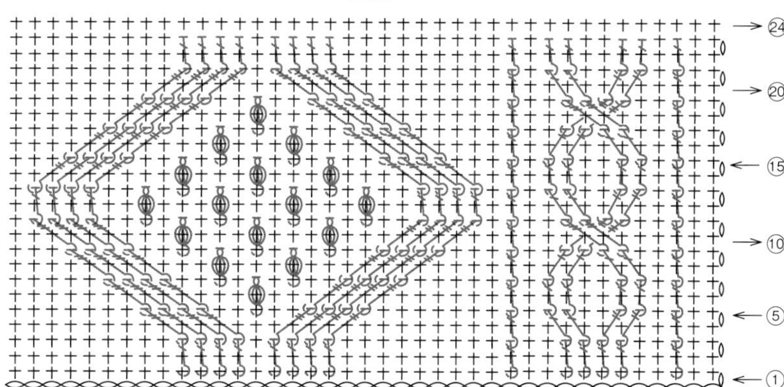

A. 使用原白色线钩织
带拉链的小手包

将等针直编的织片缝合成口袋状，安上拉链就完成了这款十分简单的小手包。
方块花样的织片、
交错排列的枣形针的阴影，看上去十分漂亮。
使用一种颜色的线就能简单地完成。

设计◇SUGIYAMATOMO
使用线◇和麻纳卡Sonomono Loop<粗>
制作方法◇p.50

Crocheted Puff Entrelac Stitch

枣形针的白桦编织

B. 复古拼布风 多彩围毯

每一个方块都换线的话，
就会变成既多彩又有趣的织片。
是利用剩余毛线很好的方法之一。

设计◇SUGIYAMATOMO
使用线◇DARUMA iroiro
制作方法◇p.52

C. 使用夏季线钩织出不一样的感觉
清爽的祖母包

使用含有棉和亚麻的带子线
钩织的清爽的手提包。
线材适度的韧性和镂空感的花样，
让包包看上去极具有清凉感。

设计◇SAICHIKA
使用线◇DARUMA GIMA
制作方法◇p.54

Maple Leaf Stitch

枫叶针

D. 连编花样十分惹眼 三角形披肩

披着这款蓬松的枫叶针的披肩，
背影看起来魅力超群。
由于是从三角形的顶点开始编织，
所以可以自由决定想要的大小。

设计◇SAICHIKA
使用线◇DARUMA Soft Lambs Sport
制作方法◇p.56

E. 将两片织片缝合在一起
复古风茶壶套

这款茶壶套是在主要的菱形花样的中央
排布了小球球状的阿兰花样，
像帽子一样的形状非常可爱。

设计◇SAICHIKA
使用线◇DARUMA Airy Wool Alpaca
制作方法◇p.58

F. 将长方形织片横向拼接 方形手拎包

使用菱形花样和麻花花样
组合出了绝美的设计。
将长方形织片横向拼接使用，
产生了极具存在感的线条。

设计◇SAICHIKA
使用线◇DARUMA Falkland Wool
制作方法◇p.60

Woven Shell Stitch

梭织贝壳针

这是由长针的交叉编织成的白桦花样。交叉编织时，整体包裹着下面的长针，从而产生了如枣形针一样的蓬松感。

作品◆p.13

◇ 样片 ◇

◇ 图解 ◇

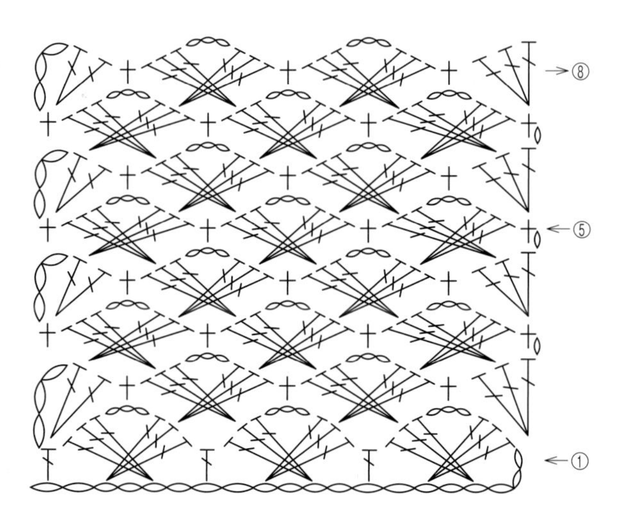

◇ 要点教程 ◇

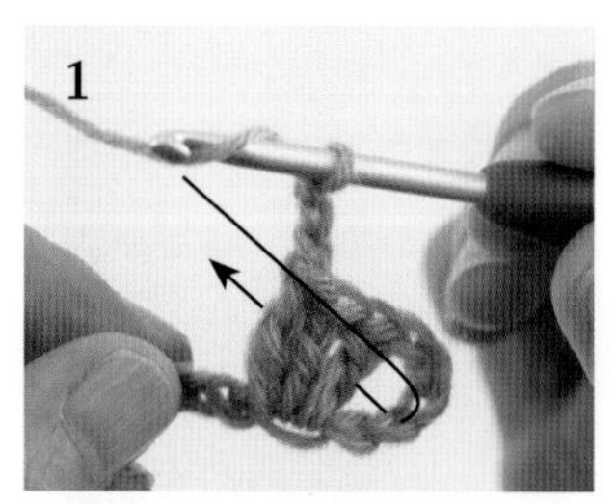

钩织起针，按照图解，第1行的3针长针钩织成扇形花样。

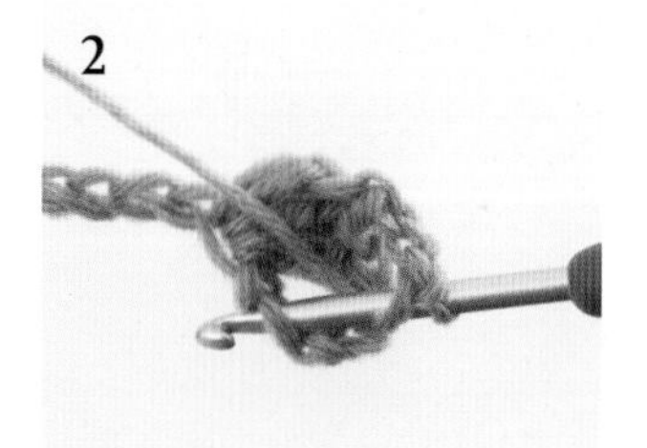

接下来的针目，首先在针上挂线，按照步骤1箭头的方向，将钩针插入扇形花样前2针的起针的半针和里山里。

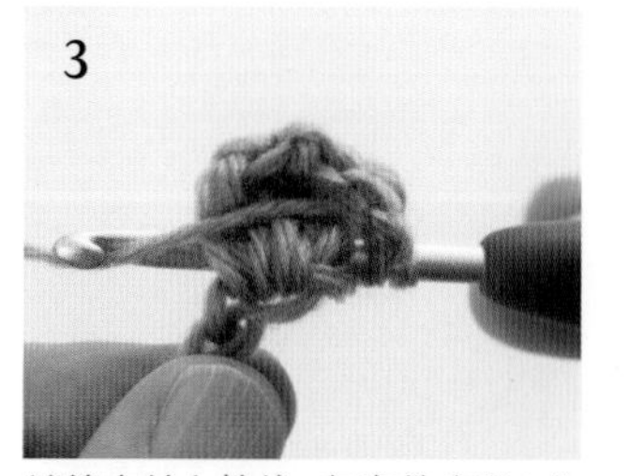

继续在针上挂线，包裹着步骤1的扇形花样，将线拉出。

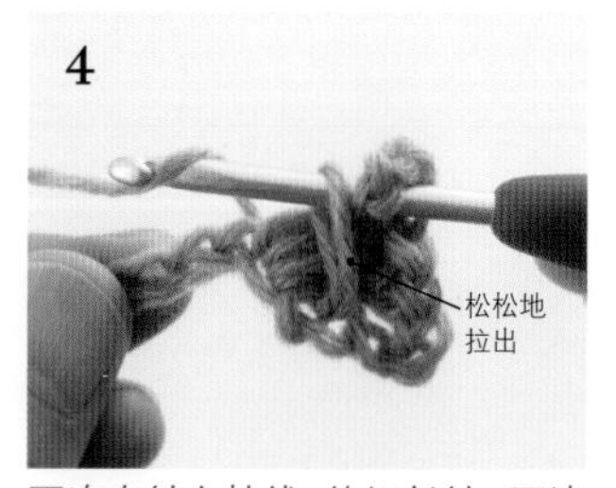

再次在针上挂线，钩织长针。要诀是步骤3拉出的线要拉得松一点。织片不会被拉扯得过紧，从而形成蓬松、漂亮的花样。

与步骤2在相同的针目里钩织3针长针（3针长针的交叉）。接下来，钩织1针长针。

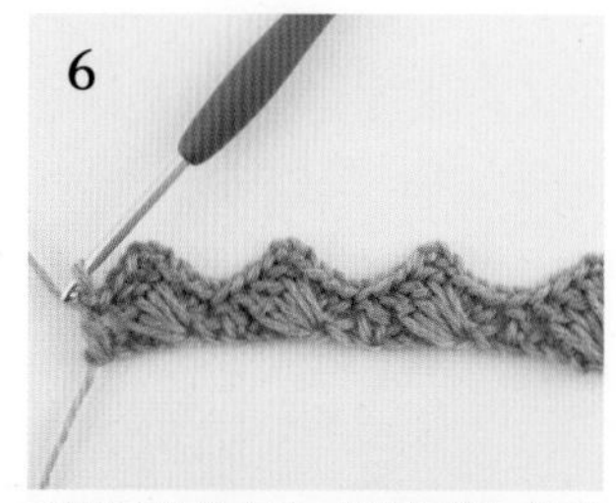

按照同样的方法，根据图解，钩织至最后。第1行钩织完成。

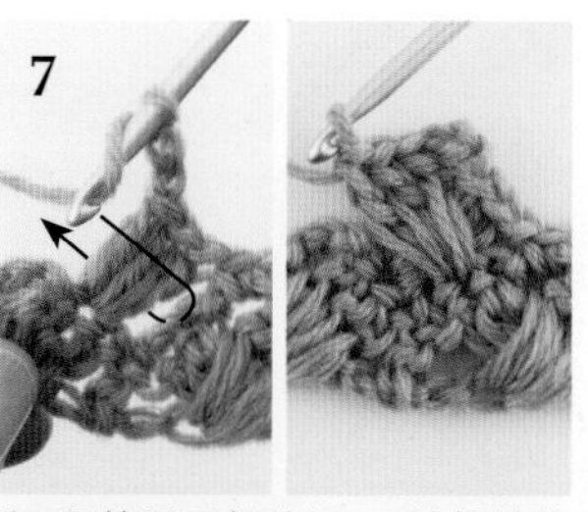

第2行按照图解钩织。3针长针的交叉，在织片凹下去之处，挑取前一行扇形花样第2针长针的头部进行钩织。

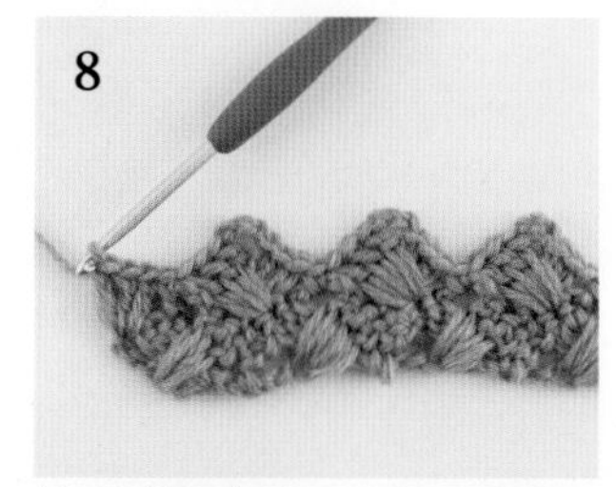

第2行钩织完成。

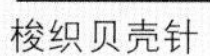

6. 利用边缘的波浪花样
装饰领

通过增加或减少交叉的长针的数量，
制作出披肩感觉的舒缓弧形。
编织终点的波浪花样可以直接当作边缘。

设计◇西村知子
使用线◇DARUMA Airy Wool Alpaca
制作方法◇p.62

Diamond Waffle Stitch

菱形华夫格针

这是以菱形华夫格状的凹凸为特点的编织花样。将2针长长针并1针钩织成正拉针，制作出斜向交叉的线条。使用2种颜色的线编织，花样会更加立体。

作品◇p.16

◇ 样片 ◇

◇ 图解 ◇

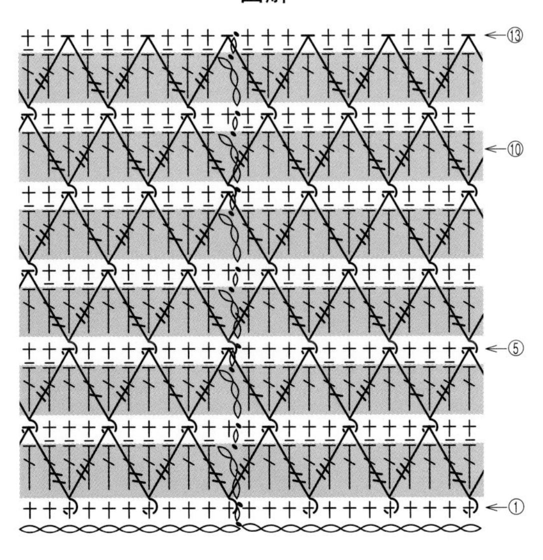

Waffle Stitch

方形华夫格针

这是宛如华夫格蛋糕的花样，编织方法简单。
通过钩织长针和长针的正拉针，制作出正方形的线条。

作品◇p.17

◇ 样片 ◇

◇ 图解 ◇

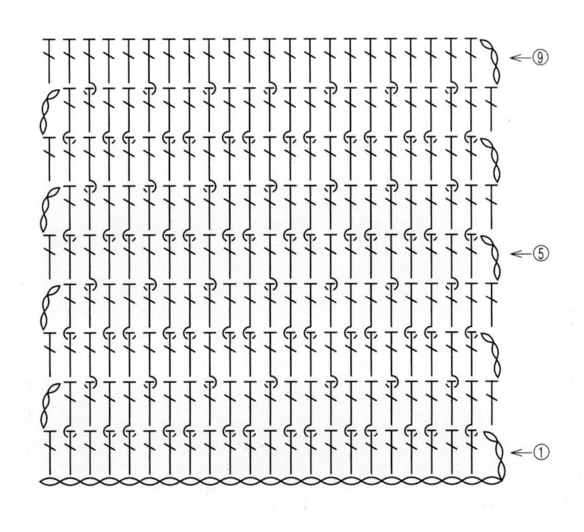

要点教程 ◇ 菱形华夫格针

※步骤图中白色为A色线，深绿色为B色线。

使用A色线钩织第1行的短针。第2行换为B色线，钩织3针立起的锁针。

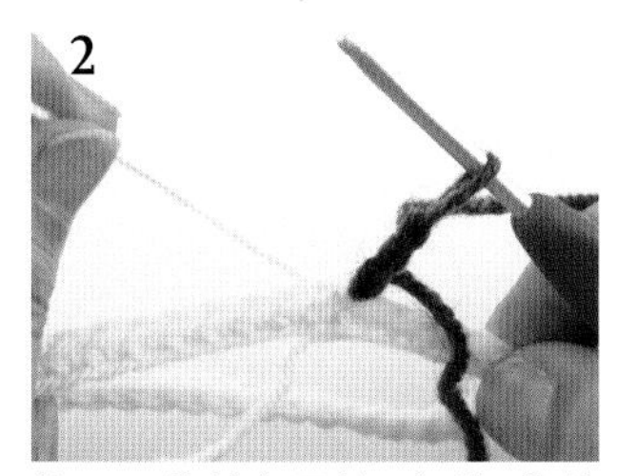

拉一下休针备用的A色线，使针目收紧。

第2行钩织长针，在钩最后的引拔针时换为A色线。第2行钩织完成。

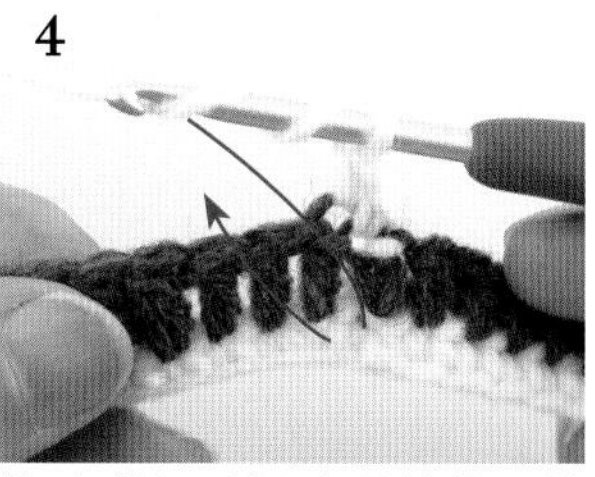

第3行钩织1针立起的锁针、1针短针、1针条纹针。接下来，在针上挂2次线，按照箭头的方向，从正面将针插入前2行第1针短针的根部。

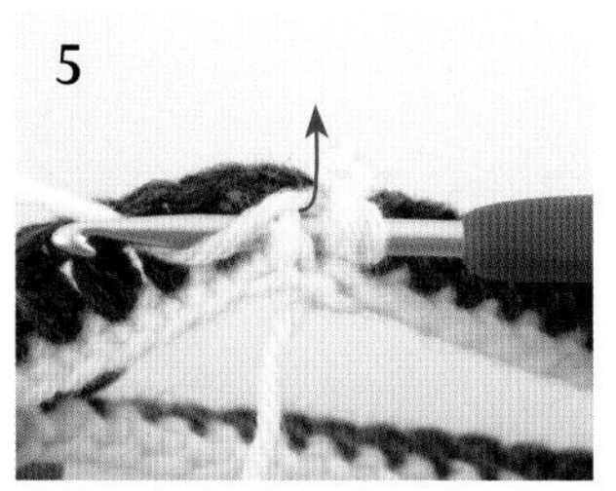

挂线后拉出，钩织未完成的长长针。

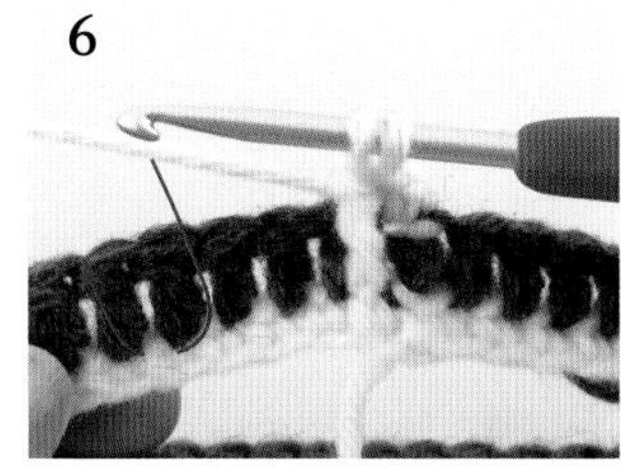

钩织了未完成的长长针之后的样子。

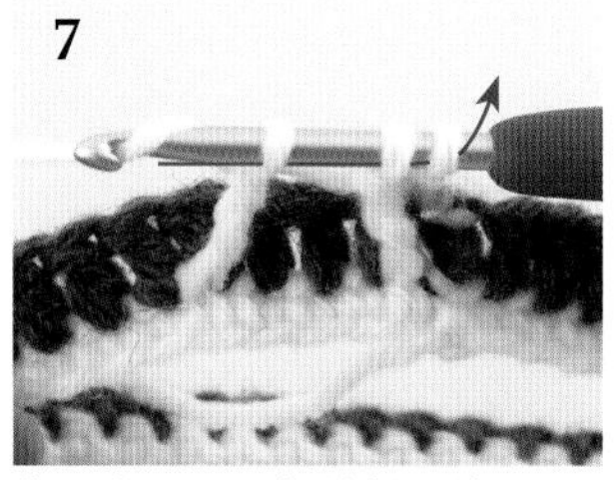

接下来从正面将针插入前2行第5针短针的根部，钩织未完成的长长针。再一次在针上挂线，从挂在针上的针目中一次性引拔出。

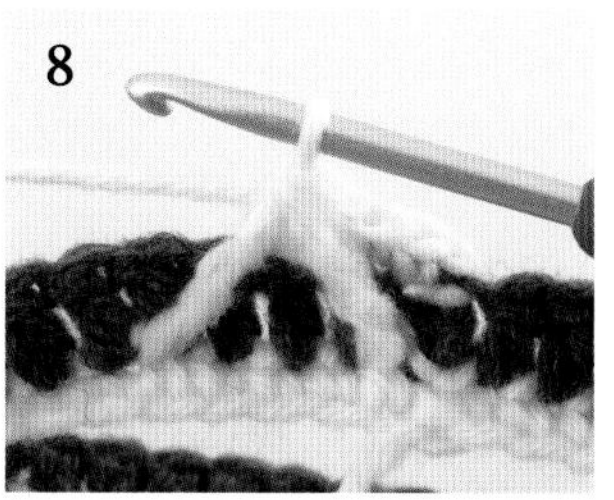

长长针的正拉针的2针并1针钩织完成。

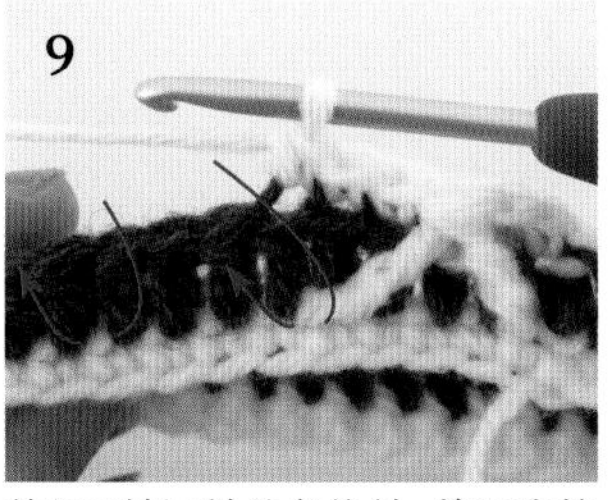

钩织3针短针的条纹针，接下来按照箭头的方向挑取前2行的针目，钩织长长针的正拉针的2针并1针。

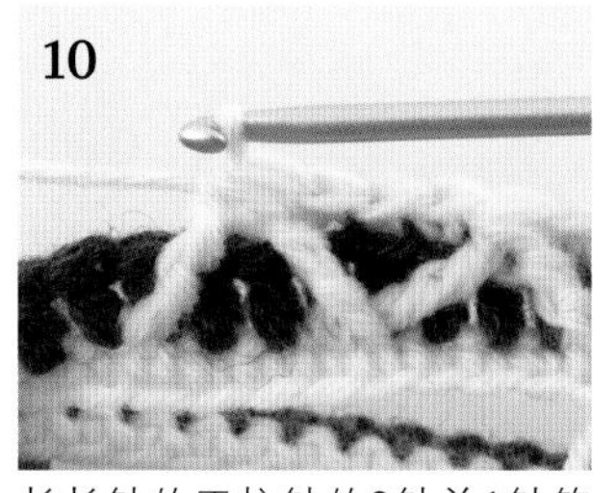

长长针的正拉针的2针并1针钩织完成。

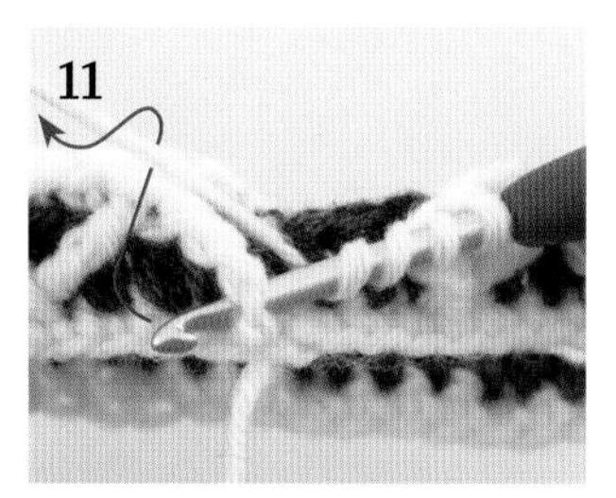

重复步骤9、10。行的最后的长长针的正拉针的2针并1针是挑取在步骤4中曾插入的针目进行钩织的。

钩织1针短针的条纹针，钩织引拔针。第3行钩织完成。

换为A色线后的样子。

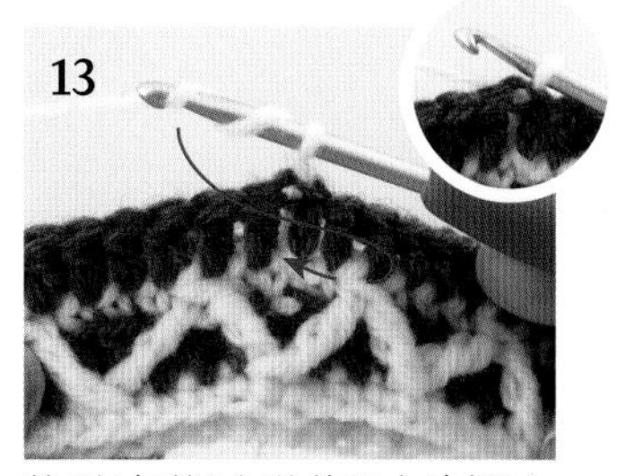

第4行与第2行的钩织方法相同。第5行钩织1针立起的锁针，在针上挂2次线，按照箭头的方向，将针从正面插入第3行最后的2针并1针的头部的下面。

钩织未完成的长长针。随后，按照箭头的方向，将针从正面插入第3行最初的2针并1针的头部的下面，钩织长长针的正拉针的2针并1针。

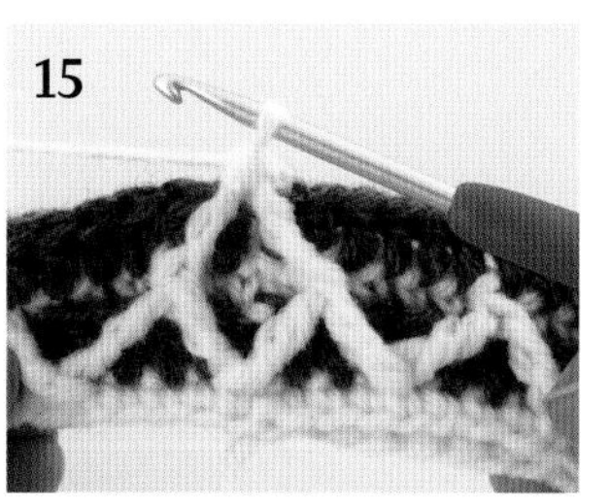

长长针的正拉针的2针并1针钩织完成。这是完成了1个菱形花样后的样子。

使用同样的方法，按照符号图钩织至最后。

H. 极具存在感的格子花样
菱形华夫格手提包

手提包上立体的菱形华夫格花样，
是用深、浅两种颜色编织的，
呈现出极具冲击力的凹凸感。
为了能让花样漂亮地连接在一起，
主体无加、减针做环形编织，
这也是本作品的编织要点。

设计◇今村曜子
使用线◇和麻纳卡Men's Club Master
制作方法◇p.64

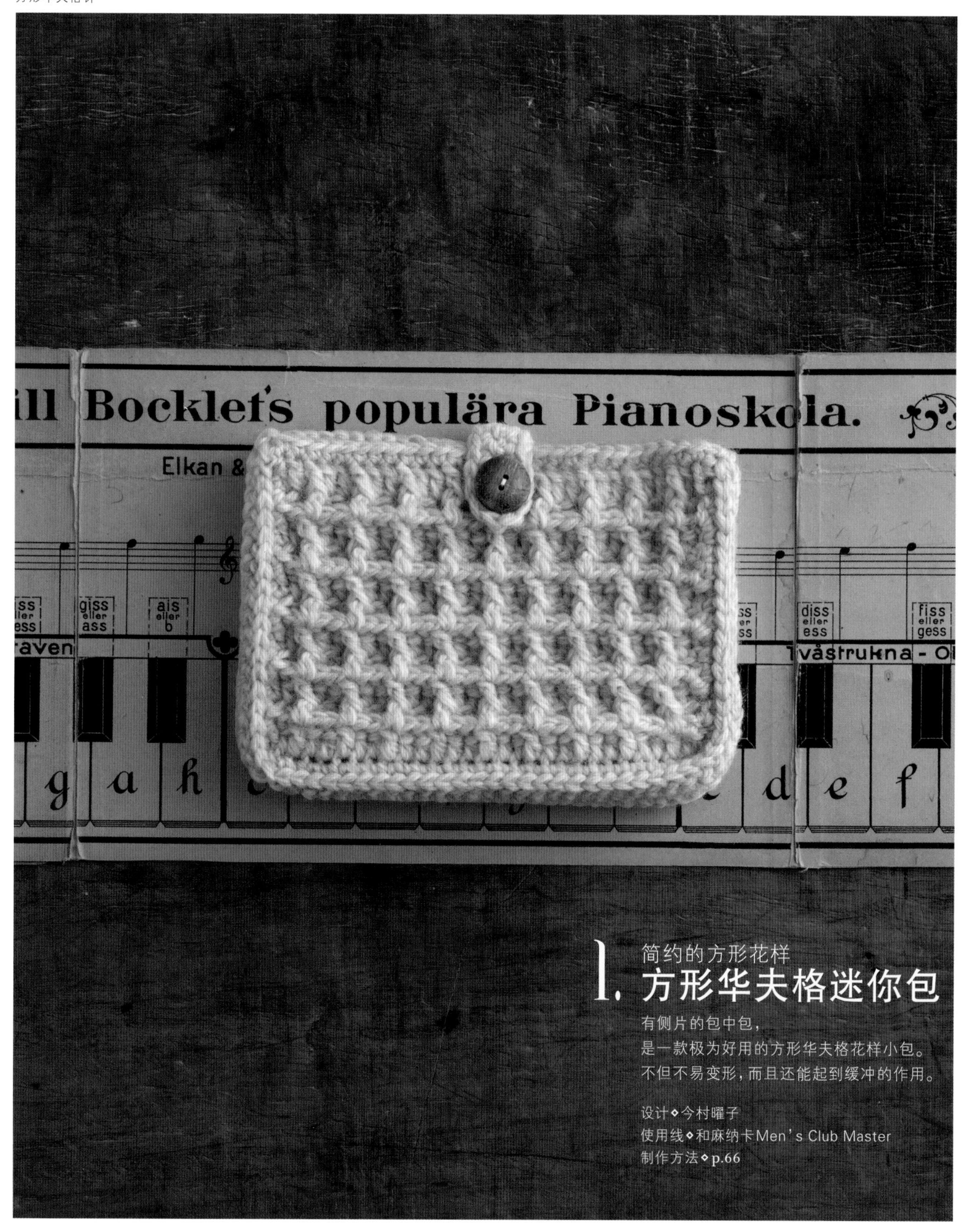

1. 简约的方形花样
方形华夫格迷你包

有侧片的包中包，
是一款极为好用的方形华夫格花样小包。
不但不易变形，而且还能起到缓冲的作用。

设计◇今村曜子
使用线◇和麻纳卡Men's Club Master
制作方法◇p.66

Bavarian Crochet

巴伐利亚钩编

将行交界处的针目钩织反拉针，从而形成了带有立体线条的正方形花片。

在钩织4针长长针的枣形针、4针长长针并1针、8针长长针并1针时，最后加钩1针锁针，可让针目稳定下来。

作品◇p.20、21

◇ 样片 ◇

◇ 图解 ◇

◇ 要点教程 ◇

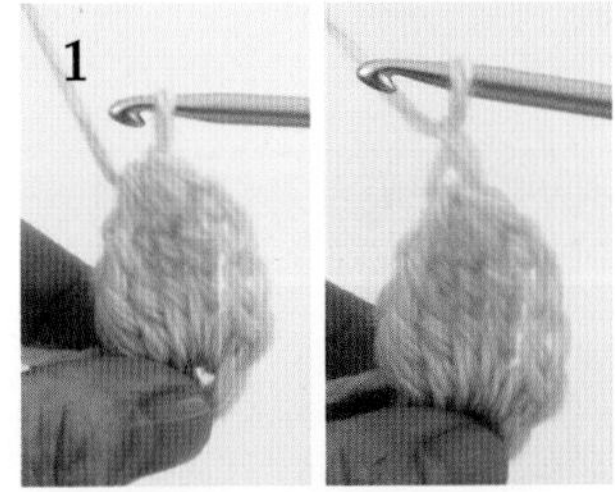

1

第1行钩织5针锁针的环形起针，然后钩织1针短针、3针锁针、4针长长针的枣形针。再钩织1针锁针，让针目稳定下来。

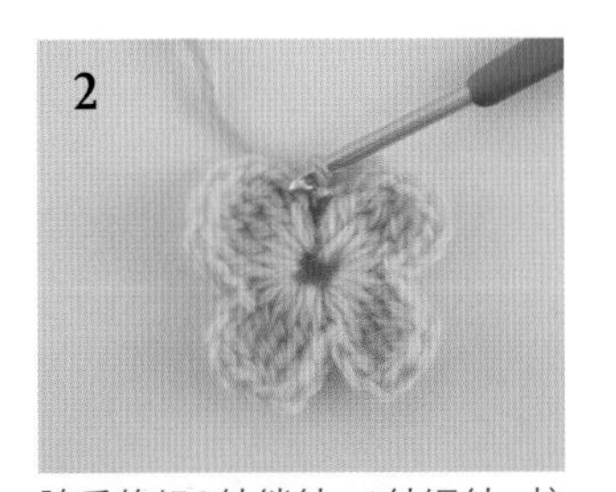

2

随后钩织3针锁针、1针短针。按照同样的方法重复3次，在钩织最后的引拔针时换线。

※如不换颜色，则继续钩织。

3

第2行，钩织1针短针、2针锁针后，挑取步骤1中钩织的枣形针之后的锁针，钩织4针长长针、1针锁针、4针长长针、1针锁针、4针长长针。

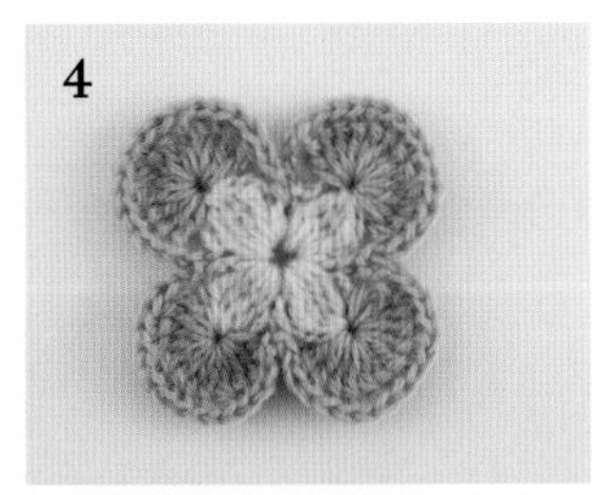

4

用同样的方法，按照图解，钩织至最后，藏好线头。

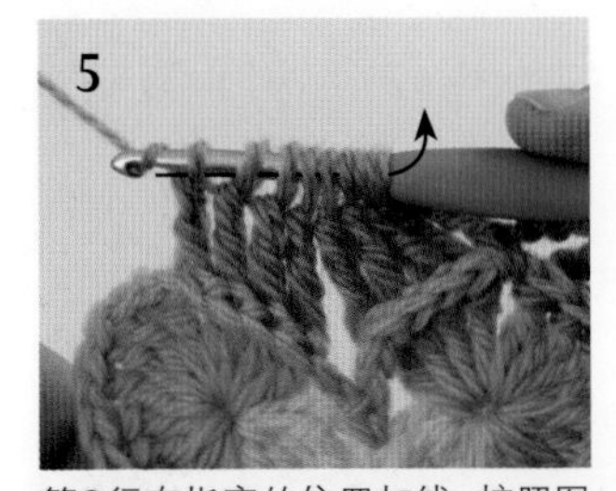

5

第3行在指定的位置加线，按照图解编织。长长针的8针并1针钩织反拉针，钩织未完成的8针后，在针上挂线，一次性引拔。

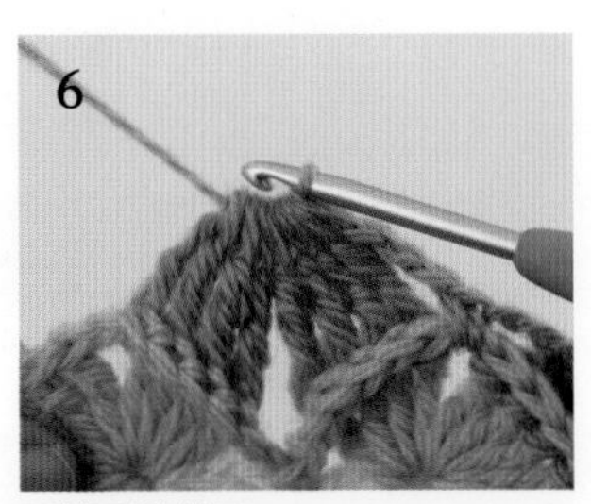

6

引拔后的样子。

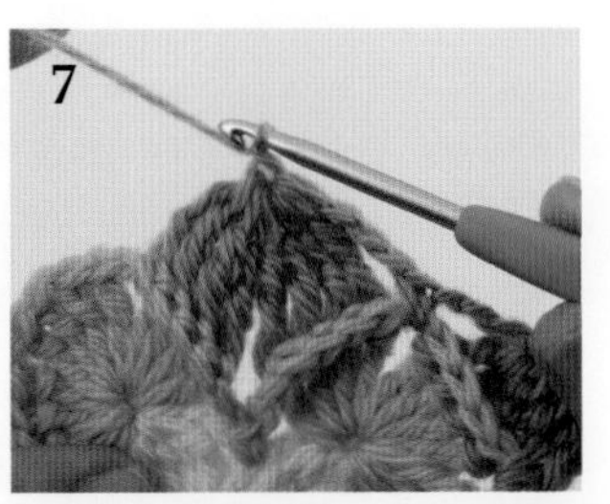

7

接下来钩织1针锁针，让针目稳定下来。

8

按照图解钩织至最后。

Scale Crochet

鱼鳞钩编

由锁针和引拔针重复而成的，犹如细密的鱼鳞一般的花样。

看着正面，一直按照同一方向钩织是它的特点。作品中，将反面当作正面使用。

作品◇p.22、23

◇ 样片 ◇

◇ 图解 ◇

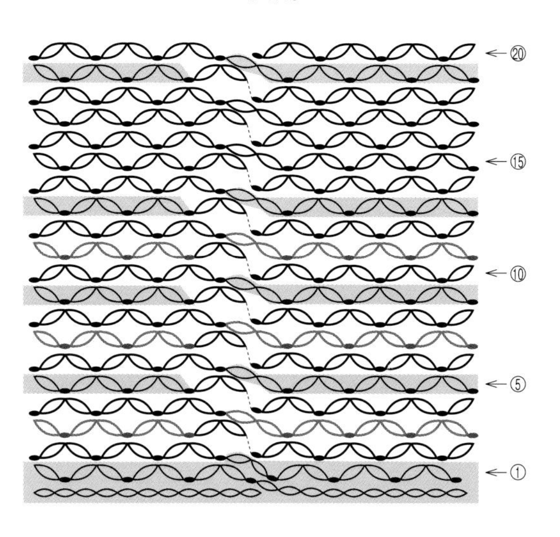

◇ 要点教程 ◇

※步骤图暗橙色为A色线，原白色为B色线，灰色为C色线。为了换色时更加漂亮，在换色的引拔针之前钩织1针锁针时，就将线换为接下来编织的颜色。
※在换行同时换颜色时，每行前后交替地钩织，防止交界线变斜。

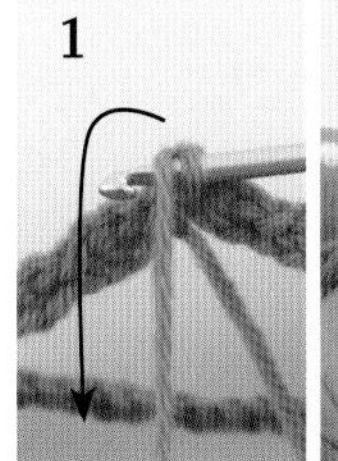
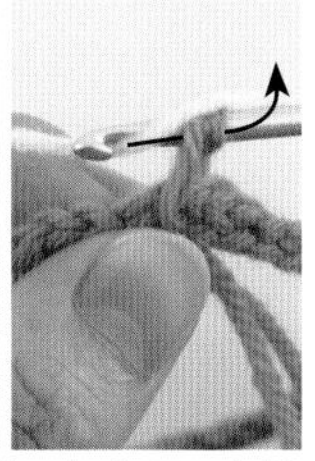

1 按照图解起针，第1行使用A色线钩织。随后，使用A色线钩织第2行的1针锁针，接下来使用A色线从后向前挂线，使用B色线钩织锁针。

2 换成B色线后的样子（锁针有2针是由A色线完成的）。休针备用的线，一直垂在织片前备用。

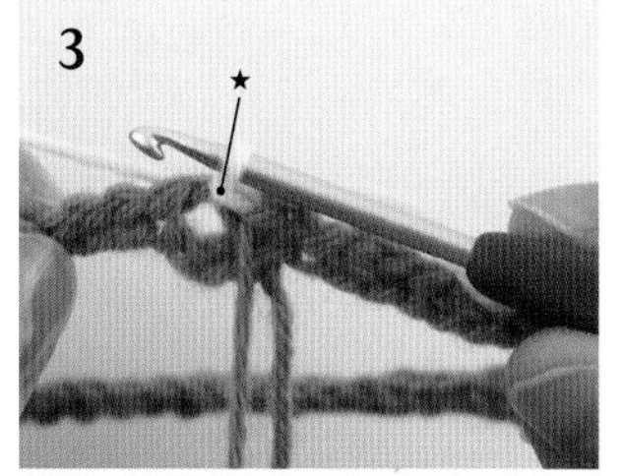

3 随后，整段挑起前一行锁针的线圈，钩织引拔针（★）。

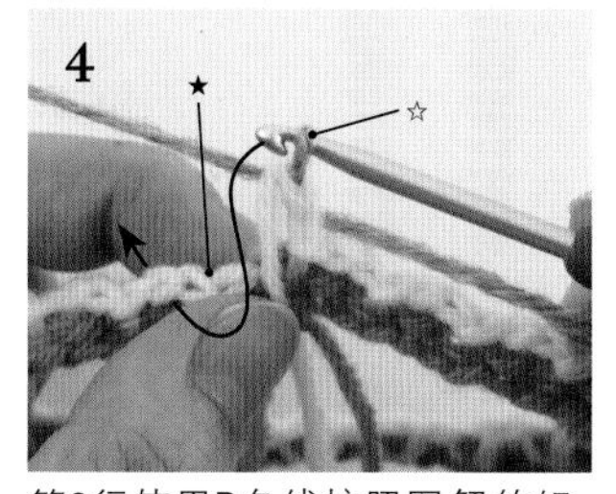

4 第2行使用B色线按照图解钩织。最后在前一行的步骤3的（★）的前侧钩织引拔针后，再钩织1针锁针，接下来的锁针使用C色线钩织。随后，按照箭头的方向整段挑起前一行的锁针钩织。

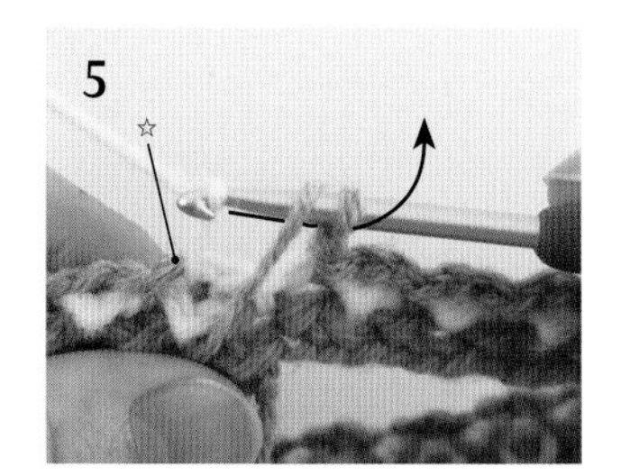

5 第3行使用C色线按照图解钩织。最后换线时，在比第2行换线的位置提前1针的锁针上进行。

6 随后，整段挑起第2行最后的使用B色线钩织的2针锁针，钩织引拔针。第3行钩织完成。

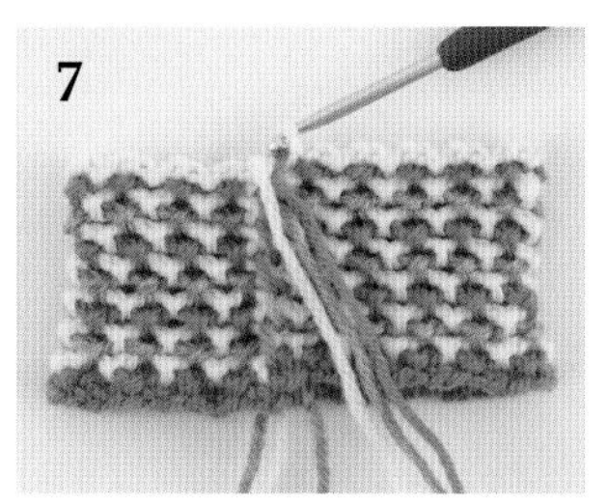

7 与第2、3行使用同样的方法，一边换线一边按照图解钩织。

作品将反面当作正面使用

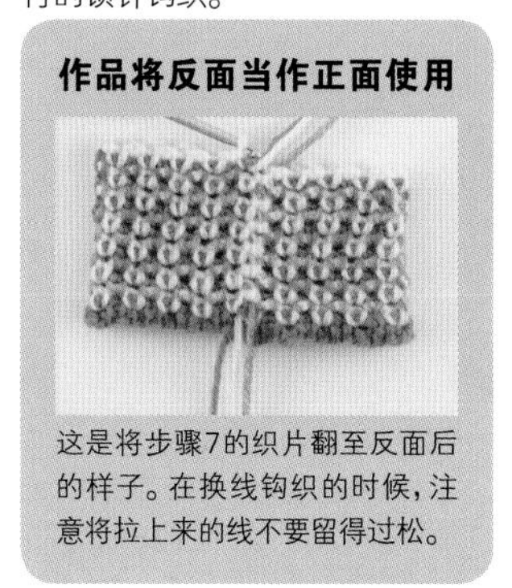

这是将步骤7的织片翻至反面后的样子。在换线钩织的时候，注意将拉上来的线不要留得过松。

J. 有趣的配色 锅柄隔热垫

使用不同颜色的编织线，织片会呈现出不同的感觉，
这就是巴伐利亚钩编的特色。
不同颜色的锯齿状的行
也令整体的线条拥有不同的韵味。
边缘是长长针的扇形花样，看上去是海扇边的感觉。

设计◇SUGIYAMATOMO
使用线◇DARUMA iroiro
制作方法◇p.68

K. 很大的单块织片的 黑白配色手提包

手提包的袋子部分是将作品J的织片
不断地钩织扩大的一片正方形的织片。
仅在那上面加上了边缘编织和提手。
这是一款十分有趣的设计。

设计◇SUGIYAMATOMO
使用线◇DARUMA Airy Wool Alpaca
制作方法◇p.69

L. 白色的条纹极为亮眼 连指手套

编织方法为环形的鱼鳞钩编
特别适合钩织连指手套。
3种颜色的条纹与宽条纹不断重复，很有韵律感。
手腕位置钩织长针的拉针，呈现出罗纹针的感觉。

设计◆Ha-Na
使用线◆和麻纳卡Amerry
制作方法◆p.72

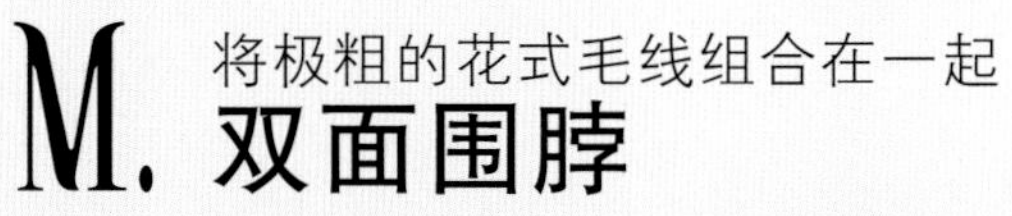

M. 将极粗的花式毛线组合在一起 双面围脖

这是一款钩织锁针与引拔针的简约织片。
作品使用极粗的花式毛线，钩编出厚重的感觉。
鱼鳞钩编中经常将织片的反面当作正面使用，
而这个作品，就将正面当正面使用了。
正、反两面是不同的花样，也是编织的一大乐趣。

设计◇Ha-Na
使用线◇和麻纳卡Of Course！ Big、Sonomono Loop
制作方法◇p.74

Rib Crochet

罗纹钩编

这个花样，乍一看，很像是单罗纹针，但其编织方法却全部是短针。

要诀是在钩织第2行后，挑针位置的不同，即挑取短针后面横向的1根渡线进行钩织。

作品◇p.25

◇ 样片 ◇

◇ 图解 ◇

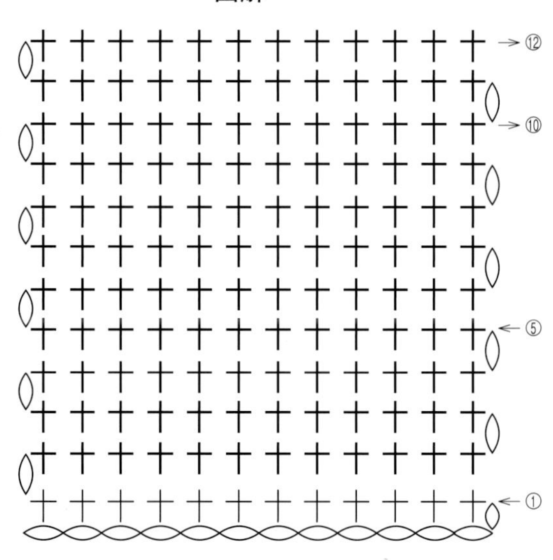

◇ 要点教程 ◇

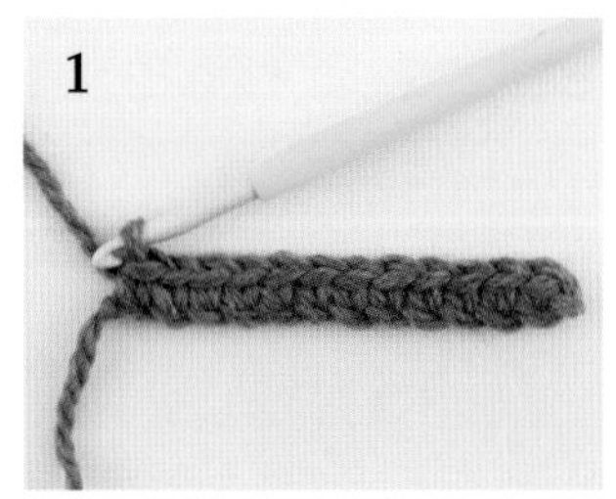

第1行钩织短针。

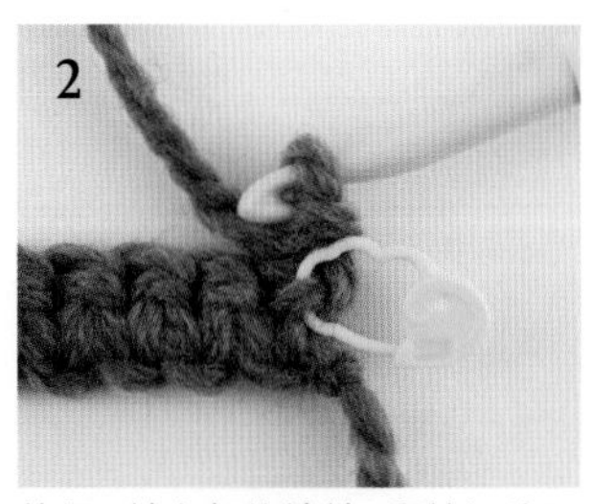

钩织1针立起的锁针，翻转织片至反面。

※为了让大家看清楚接下来要挑的线（短针反面头部下面的1根横向渡线），别上了记号扣。

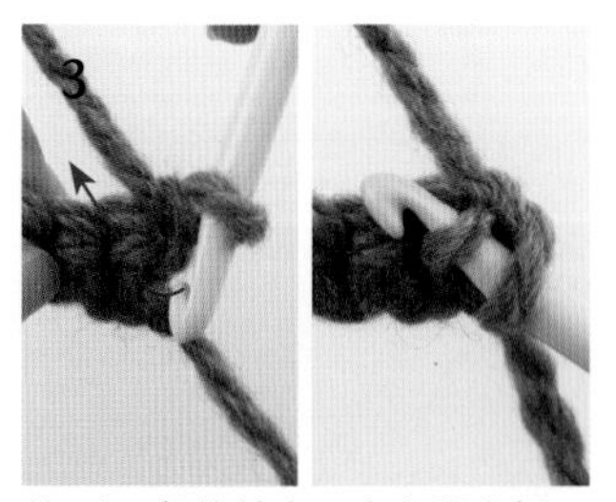

第2行，将钩针由下向上纵向插入别过记号扣的线的位置。

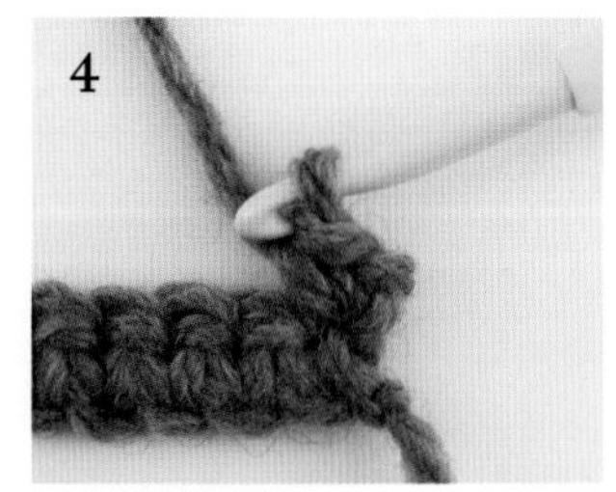

钩织1针短针。

使用同样的方法挑线，钩织短针。第2行钩织完成。第1行的边会稍微突出一点，不要介意。

钩织1针立起的锁针，翻转织片至正面。在第1行出现了锁针的线条。

※为了让大家看清楚接下来要挑的线，与步骤2相同，也别上了记号扣。

使用与步骤3~5相同的方法钩织短针至最后。第3行钩织完成。

第7行钩织完成后的样子。出现了如单罗纹针一般立体的锁针条纹。

N. 使用柔软的线编织 半指手套

这是将罗纹状条纹花样
和圆点的变化编织组合在一起编织的
半指手套。
使用带子状柔软线材编织，
既蓬松又温暖。

设计◆濑端靖子
使用线◆和麻纳卡Fuuga<Solo Color>
制作方法◆p.76

O. 粗线编织的花样更清晰 简约的托特包

这是横向使用罗纹钩编织片的
大尺寸手提包。
使用粗线钩织的花样，线条非常清晰。
为增加提手的承重力，提手上包了一块
皮革。

设计◆濑端靖子
使用线◆和麻纳卡Of Course！ Big
制作方法◆p.78

Herringbone Crochet

人字纹钩编

人字纹钩编，也称为鱼骨针，是以杉树条纹的V形连续花样为特征。基本上是做往返编织（每钩1行改变一次编织方向），2行1个花样。由于钩织时是挑取前一行头部的针目＋针目根部的1根线，因此织片比较厚实。

作品◇p.30、31

◇ 样片 ◇

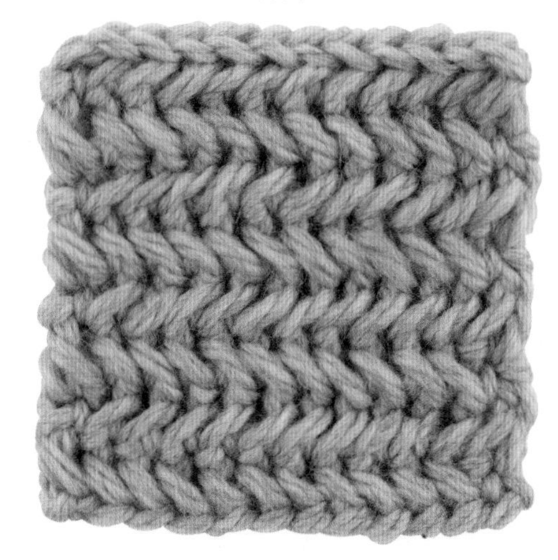

◇ 图解 ◇

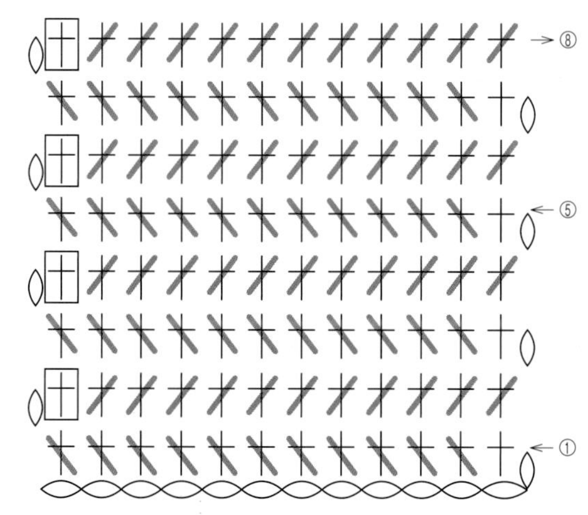

◇ 要点教程 ◇

平面编织 人字纹钩编的基本编织方法／ ※通过p.30《手拿包》的符号图进行解说。

起针

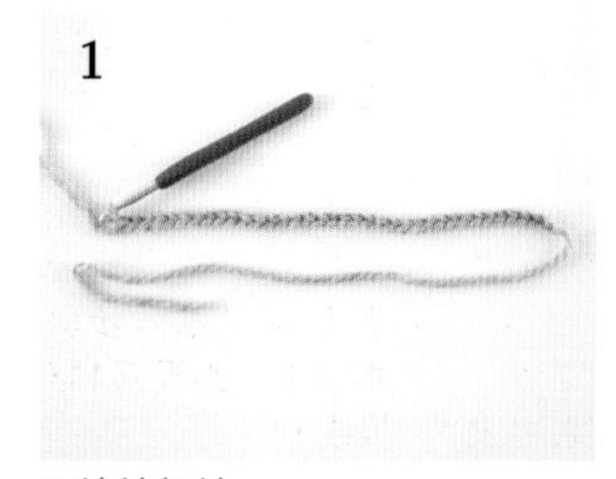

1 锁针起针。
※作品是起36针。

第1行
（正面：人字纹钩编的下针）

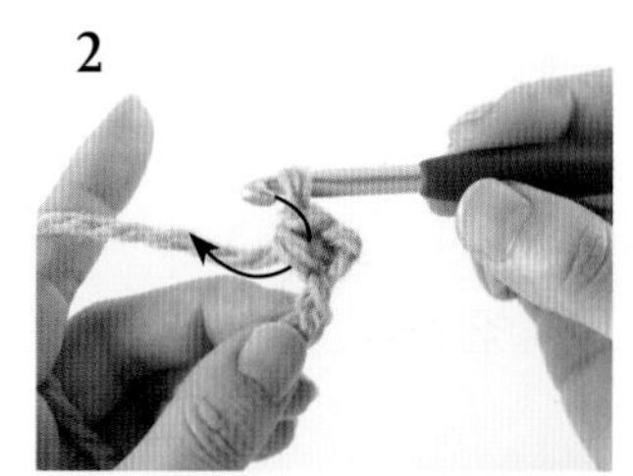

钩织1针立起的锁针，挑取起针的里山，钩织1针短。第2针，将钩针从前面插入第1针短针的左侧根部的1根线中。

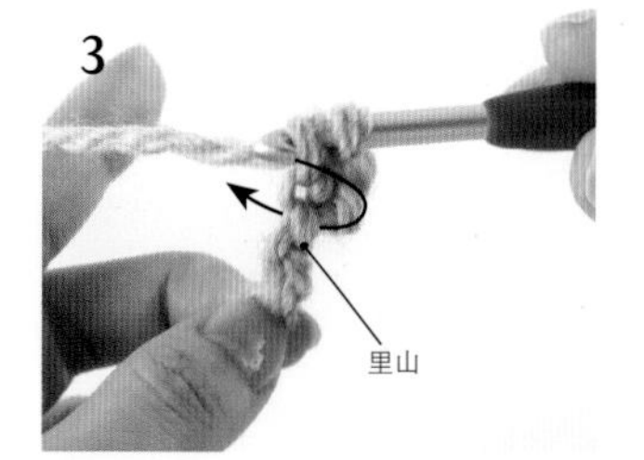

再插入下一针起针的里山中。

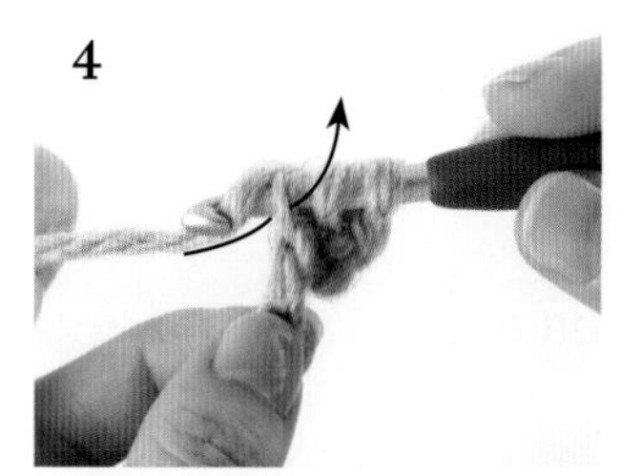

针上挂线，从步骤3的里山中将线拉出。

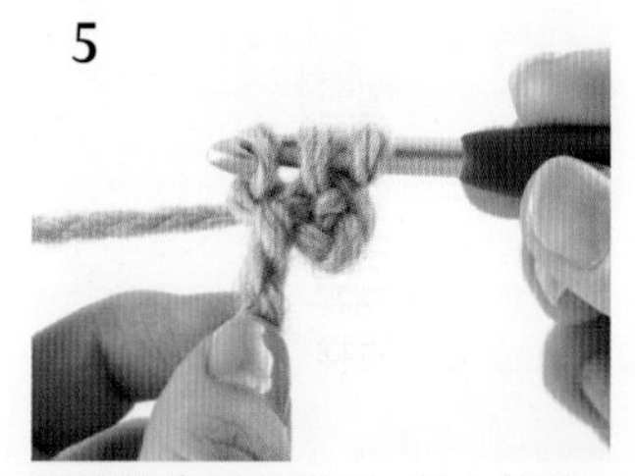

将线拉出后的样子。针上挂着3个线圈。

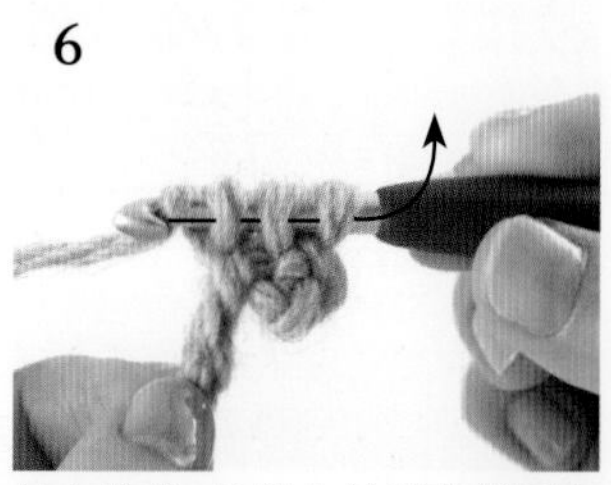

针上挂线，从针上的所有线圈中引拔。

人字纹钩编的下针完成。

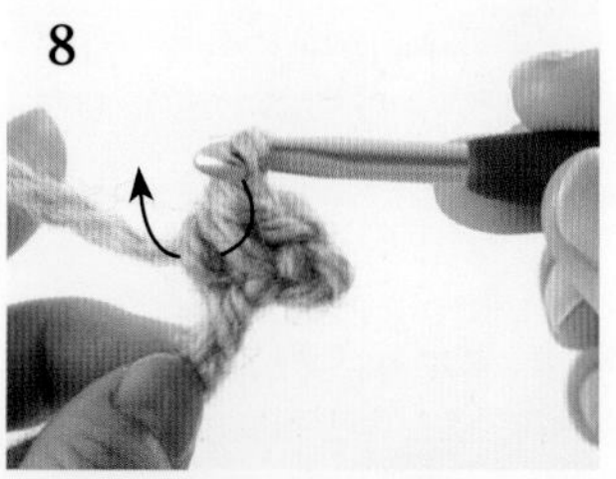

从第3针开始，将针从前面插入人字纹钩编的下针根部的1根线（左侧的1根线）中。

要点教程 ◇ 人字纹钩编

第2行
（反面：人字纹钩编的上针）

9

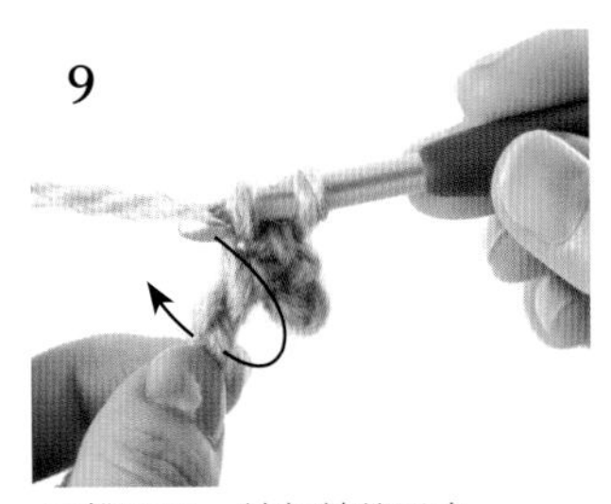

再挑取下一针起针的里山。

10

接下来，按照步骤4~6的方法钩编。人字纹钩编的第2针完成。

11

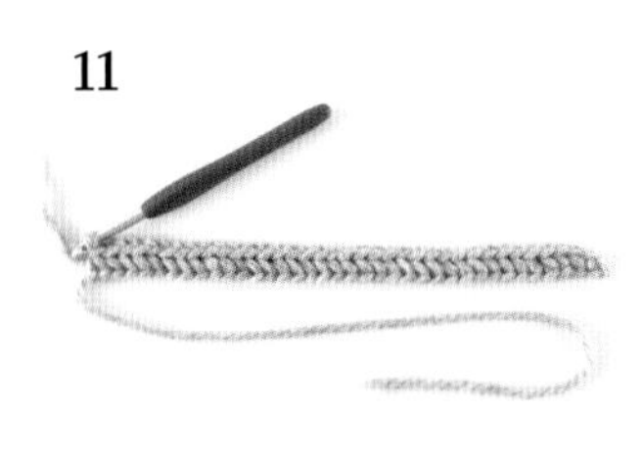

接下来按照步骤8~10的方法钩织到最后。第1行钩织完成。

12

钩织1针立起的锁针，将织片向靠近自己的反向翻转。

13

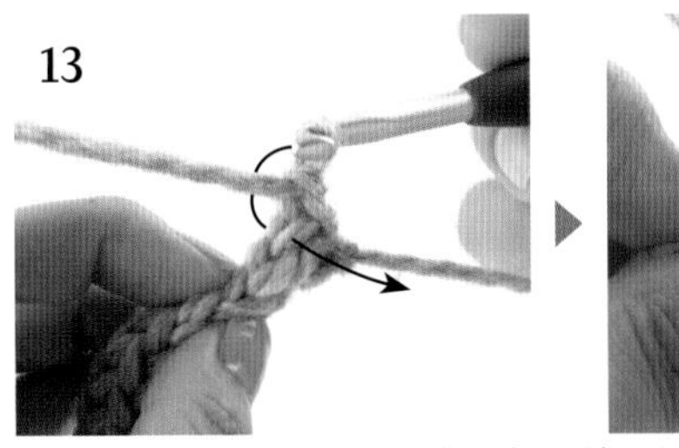

将线留在织片前，从织片后将针插入前一行针目的头部。

14

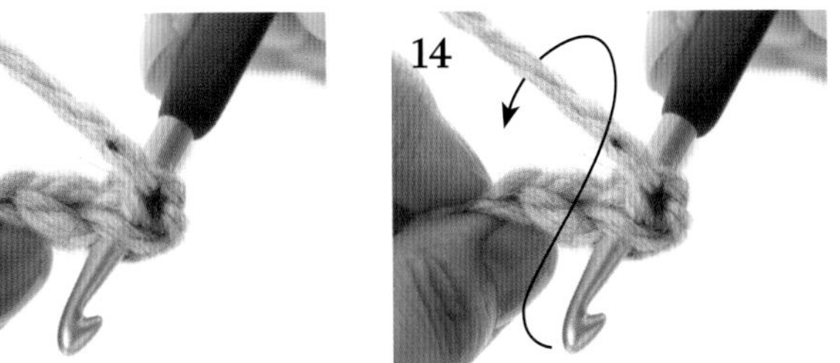

按照箭头的方向挂线后拉出。与平常的挂线方法不同，请注意。

15

拉出后的样子。

16

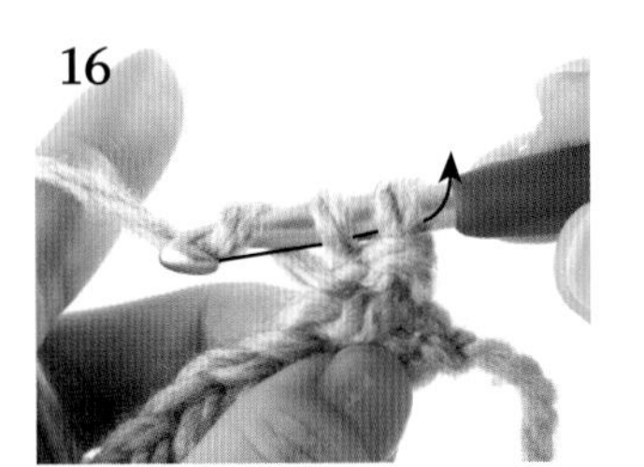

针上挂线，从针上的2个线圈中引拔。

17

第1针短针的上针钩织完成。

18

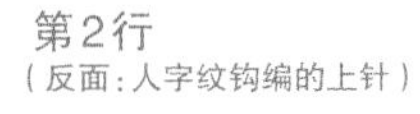

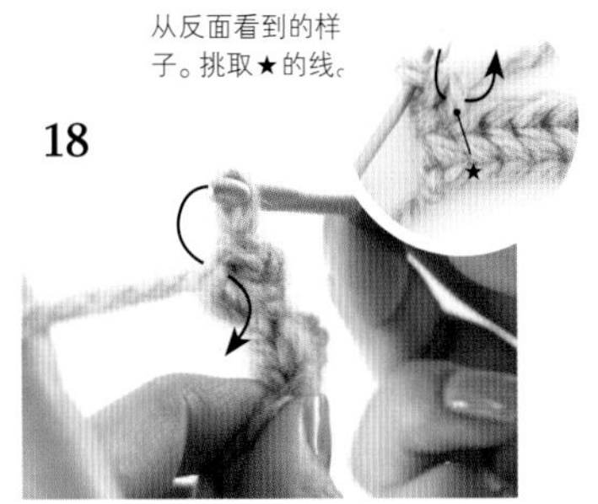

第2针，从织片后将针插入步骤17的“短针的上针”的根部1根线（左侧的1根线）中。

19

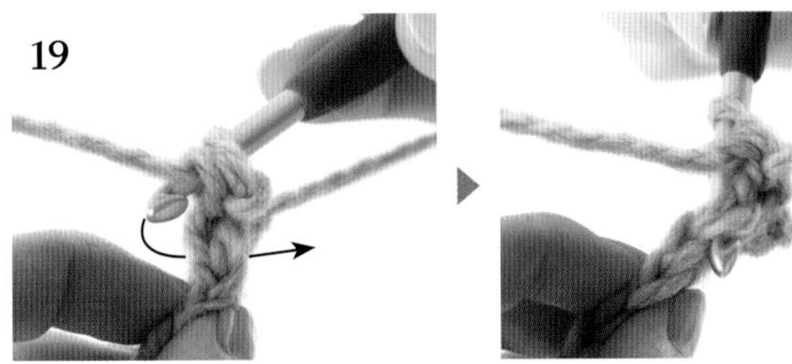

随后，从织片后将针插入前一行针目的头部（不是在织片的侧面，而是要挑取从正上方看到的像是锁针一样排列着的2根线）。

20

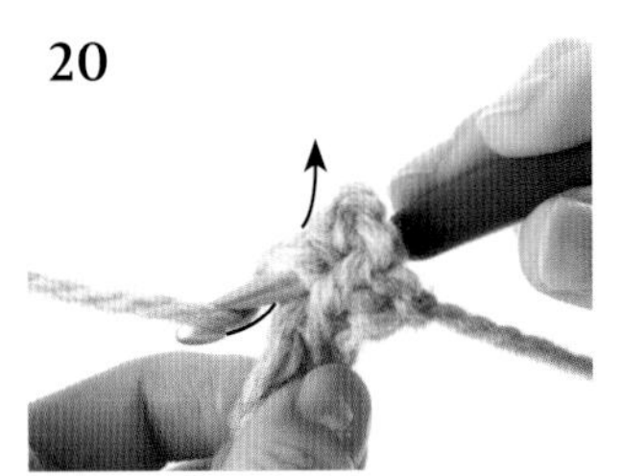

与步骤14使用同样的方法挂线后拉出。与平常的挂线方法不同，请注意。

21

将线拉出后的样子。针上挂着3个线圈。

要点教程 ◦ 人字纹钩编

22

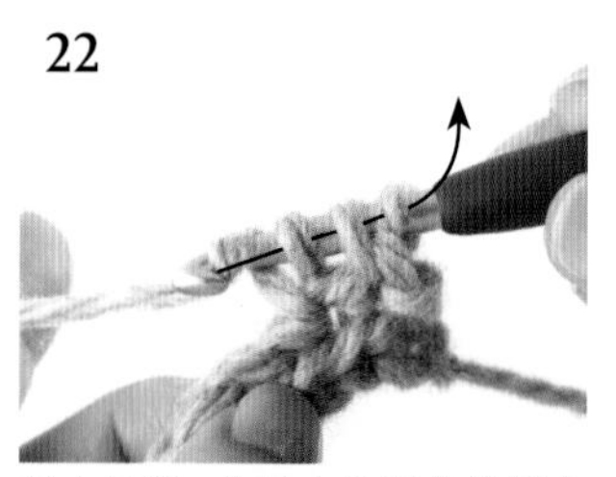

针上挂线，从针上的所有线圈中引拔出。

23

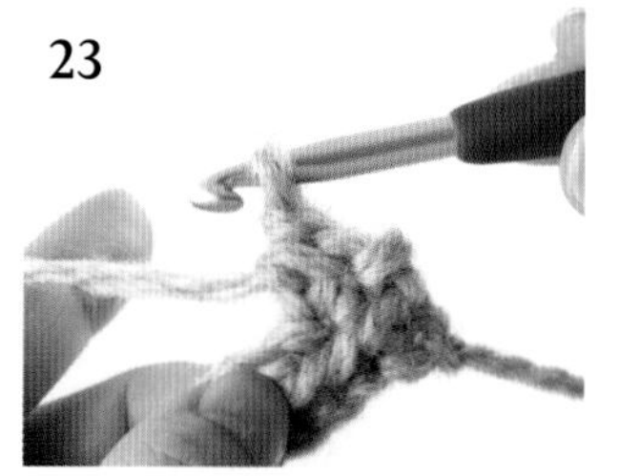

人字纹钩编的上针钩织完成。

24

接下来，从织片后将针插入“人字纹钩编的上针”的根部1根线（左侧的1根线）中，挑线，按照步骤19~23的方法钩织。

25

第2行钩织完成。

翻回正面后就可以看到排列着的V形花样。至此，人字纹钩编的1个花样（2行）钩织完成。

环形钩织 人字纹钩编的变化。“只看着织片的正面钩织成圆形”的方法和“钩织成筒状”的方法。　※通过作品Q《手提购物包》的符号图进行解说。

钩织包底

（只看着织片的正面钩织成圆形）

※由于只钩织人字纹钩编的下针，所以不会形成V形花样。

1 第1行在环形起针上钩织8针短针，并将环形收紧。在第1针的头部钩织引拔针。

2

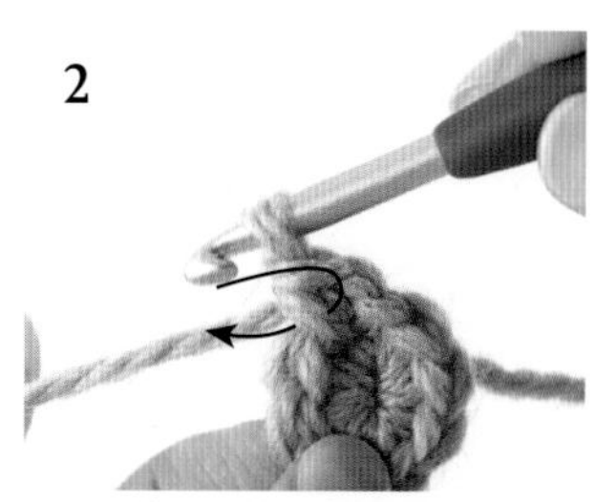

第2行钩织1针立起的锁针，在前一行的第1针上钩织1针短针。接下来，将针插入短针的根部1根线（左侧的1根线）中。

3

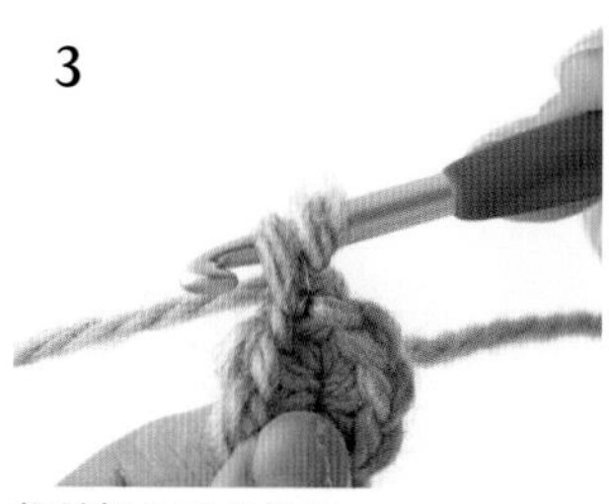

将针插入后的样子。

4

在与步骤2相同的针目上钩织1针人字纹钩编的下针（参照p.26的步骤2~6）。

5

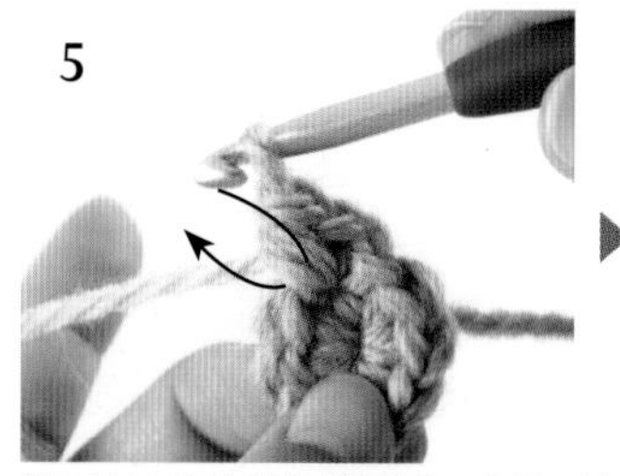

第3针是将钩针从前面插入步骤3的人字纹钩编的下针的根部1根线（左侧的1根线）中。

6

在前一行的第2针上钩织1针人字纹钩编的下针。

7

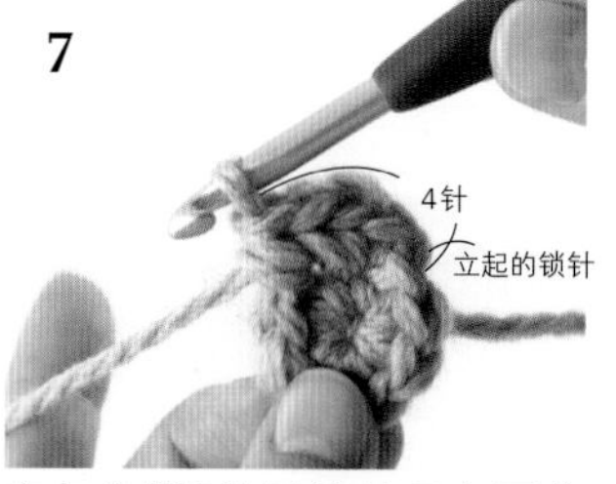

在与步骤6相同的针目上再钩织1针人字纹钩编的下针（参照p.26的步骤2~6）。

接侧面 ···→

8

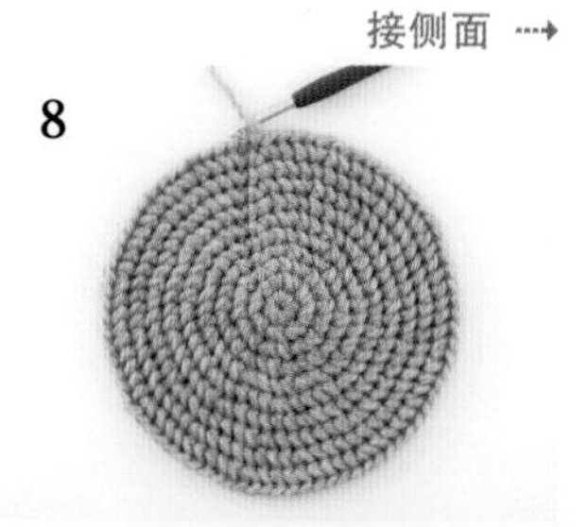

第2行在前一行所有的针目上都钩织2针人字纹钩编的下针，再按照符号图在指定的位置钩织1针放2针，在钩织的同时加针。

钩织侧面（钩织成筒状）

※由于是往返编织，所以织片的正面将呈现出V形花样。

1

侧面的第1行全部钩织人字纹钩编的下针，在行的第1针和最后1针的头部别上记号扣，在第1针上钩织引拔针后翻转织片。

※钩织成筒状时，上针的行要翻转织片后再钩织，因此引拔的位置将比较难找，别上记号扣会更方便。

要点教程 ◇ 人字纹钩编

2

翻至反面的样子。

3

钩织1针立起的锁针，将线留在针前，钩针按照箭头的方向从织片后插入前一行的最后的针目的头部。

4

钩织短针的上针（参照第27页的步骤13~17）。

5

将记号扣移至刚刚钩织的针目上。

6

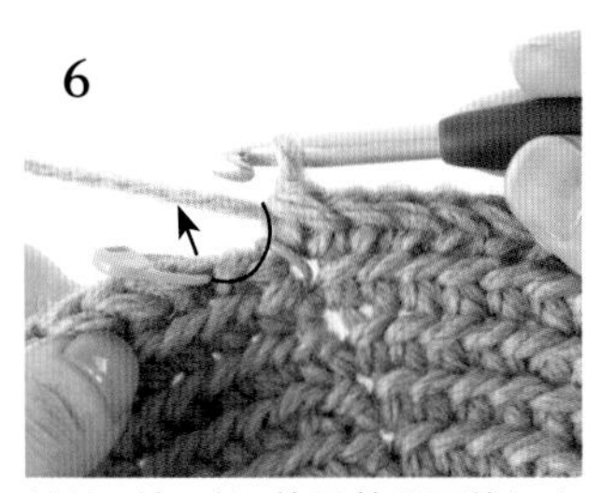

从第2针开始，按照符号图钩织人字纹钩编的上针（参照第27、28页的步骤18~23）。钩织至最后的针目时，钩针从前面插入编织起点的针目的头部。

7

挂线后钩织引拔针。第2行钩织完成。

※将别在前一行第1针上的记号扣移至新钩织出来的针目上备用。

换线的方法 ※换不同颜色的线时，在钩织行的最后的引拔针时进行。

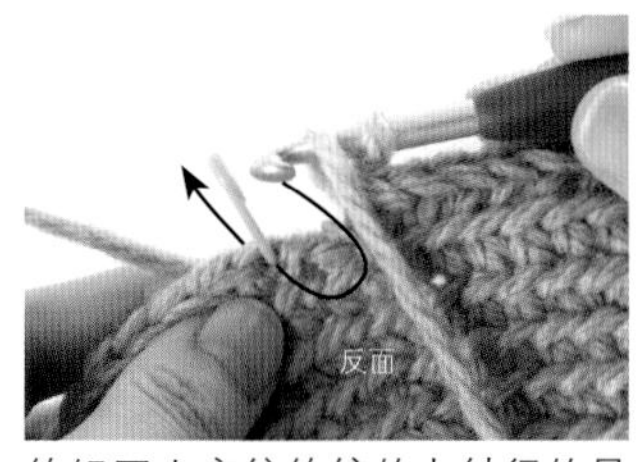

钩织至人字纹钩编的上针行的最后针目时，将编织线换为配色线。底色线垂至针的前面。

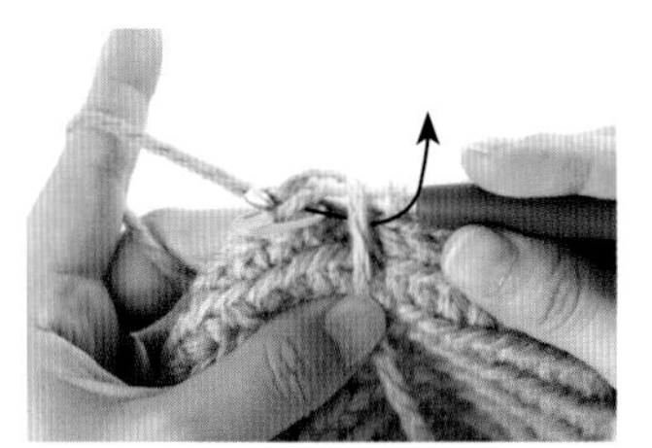

钩针从前面插入编织起点的针目的头部，挂配色线，从底色线的下面引拔出。

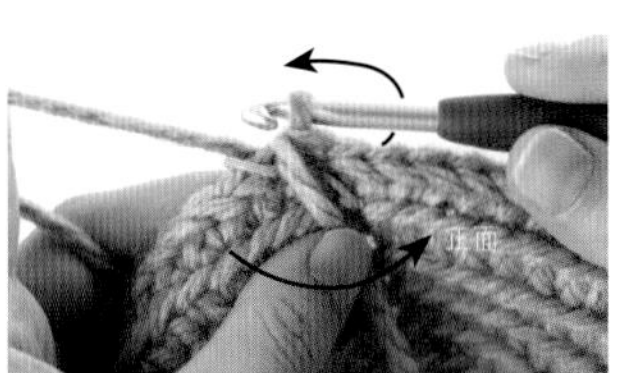

引拔后的样子。钩织1针立起的锁针，将织片向靠近自己的一侧翻转。

使用配色线钩织人字纹钩编的下针。记号扣在钩织到各自的针目后要做相应的移动。

人字纹钩编的织片的正面和反面

◇ 正面 ◇

排列着锯齿花样。

◇ 反面 ◇

每行都留有1个条纹。

p. 只需等针直编的 手拿包

将长方形的织片两侧缝合，
绕上几圈皮绳即完成了这款手拿包。
如果使用更加松软的粗线编织，
人字纹钩编的针目，
将会呈现出更加漂亮的立体感。

设计◇Ha-Na
使用线◇和麻纳卡Canadian 3S <Tweed>
制作方法◇p.80

Q. 双色对比的 手提购物包

这款简约的梯形手提包，
使用了极具反差的双色线编织。
厚实又紧密的织片，
配以不同材质的提手
给人以轻快的感觉。

设计◇Ha-Na
使用线◇和麻纳卡Of Course！ Big
制作方法◇p.82

Crocodile Stitch

鳄鱼鳞针

只是使用长针钩织出来的立体褶边的连续花样。2行可以完成1个褶边。

在下一行错开半个花样，整体将更加饱满。

作品◇p.33

◇ 样片 ◇

◇ 图解 ◇

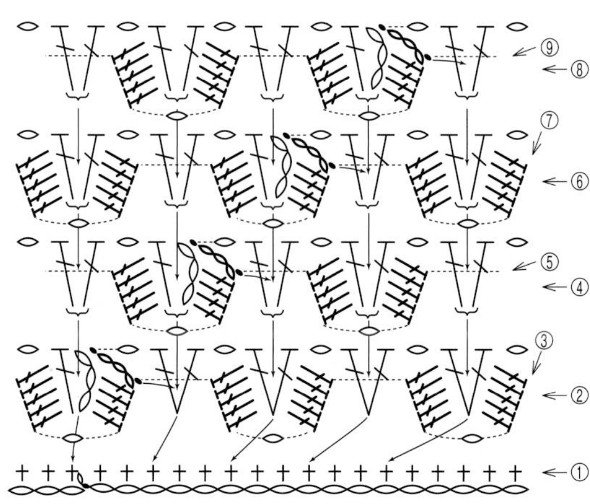

◇ 要点教程 ◇

※钩织成环形。

第1行钩织短针，第2行按照图解钩织“1针放2针长针”和1针锁针。第3行钩织3针立起的锁针。

针上挂线，按照步骤1中箭头的方向，整段挑起前一行长针的根部，钩织长针。长针的反面将成为织片的正面。

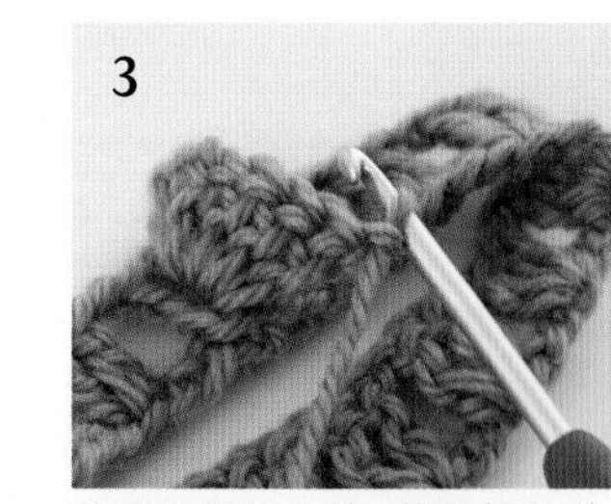

使用同样的方法，整段挑起前一行长针的根部，由上至下共钩织4针长针(包括立起的锁针共5针)。

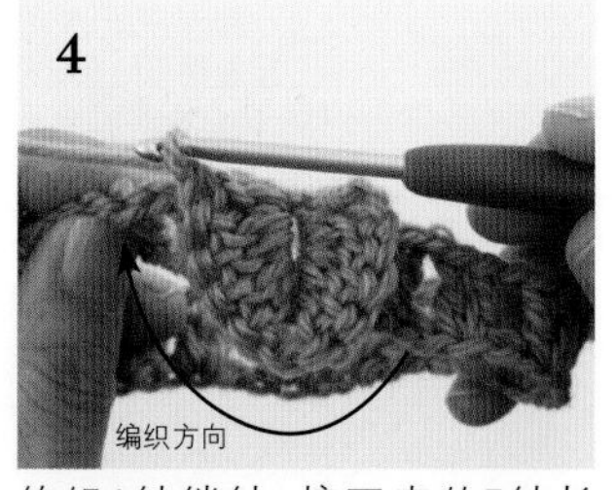

钩织1针锁针，接下来的5针长针，整段挑取另一侧的长针的根部，由下至上钩织。1个褶边花样钩织完成。

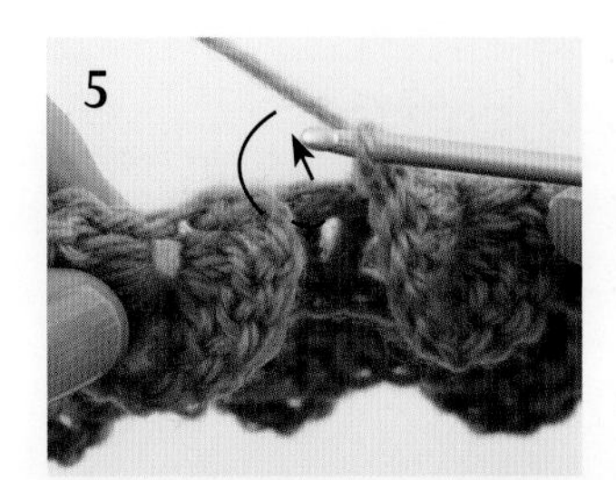

接下来，按照图解钩织褶边。最后整段挑起第1个褶边(立起的第3针锁针)和前一行的V形花样，钩织引拔针。

钩织了引拔针后的样子。第3行钩织完成。

第4行将针插入前2行的长针的2针之间，挑取针目，按照与第1行同样的方法钩织。

第5行与第3行使用同样的方法钩织褶边。重复以上操作。

R. 多色混合的 鳄鱼鳞针荷包

将如同布满了鳄鱼甲的织片，
在袋口穿入细绳收紧后，
就成了圆滚滚的荷包状。
段染线的颜色变化也很有趣。

设计◇西村知子
使用线◇SKI YARN Ski Neige、Ski Tasmanian Polwarth
制作方法◇p.84

Crochet Turkish Lif

纤维编织

纤维编织，是源自使用“纤维”制造起泡洗浴巾时所使用的土耳其的传统编织方法。如花朵一般的花样接连在一起，类似于中长针的枣形针的织片，是它的特点。有时也会应用到纤维编织的2针并1针、3针并1针的针法。

作品◇p.37

◇ 样片 ◇

◇ 图解 ◇

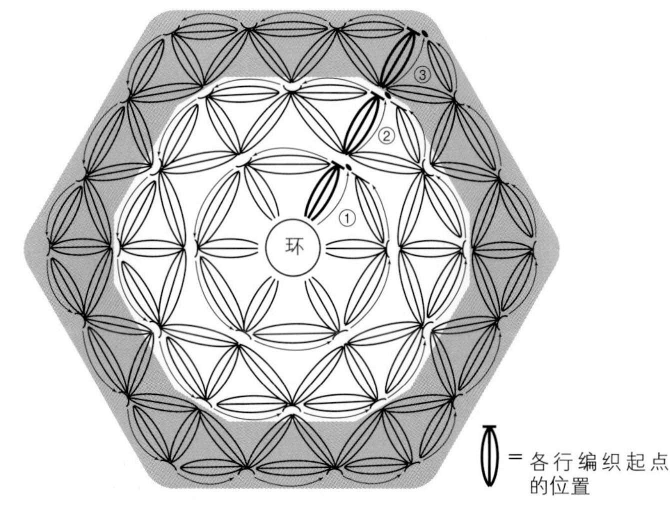

◇ 要点教程 ◇

※为了让大家看得更清楚，使用了与作品不同颜色的线。 ※由于钩织时许多针目要挂在针尖上，使用针轴长的针更利于钩织。

从环形起针开始的编织起点 ※作品S《坐垫》的编织起点。

纤维编织

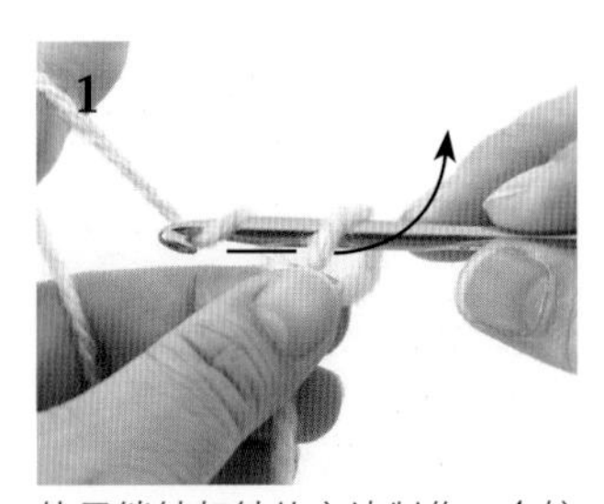

使用锁针起针的方法制作一个较大的环，挂线后拉出。

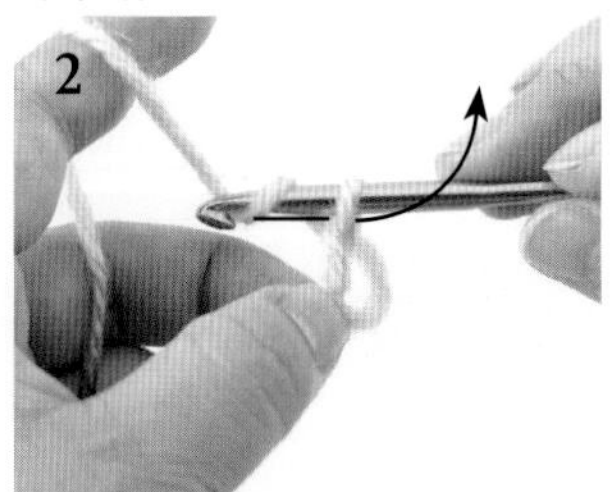

起针完成（不算作1针）。再一次在针上挂线，这一次拉出相当于3针锁针的高度。

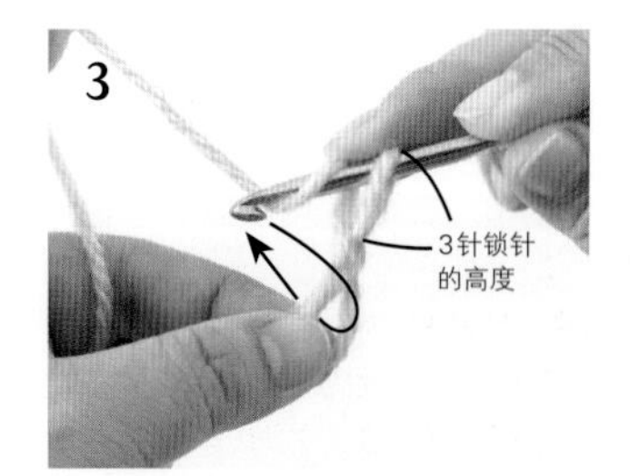

再次挂线，将针插入环中。

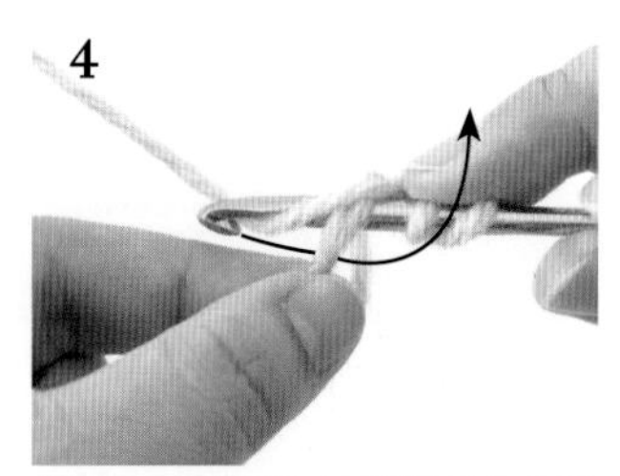

挂线，拉出相当于3针锁针的高度。

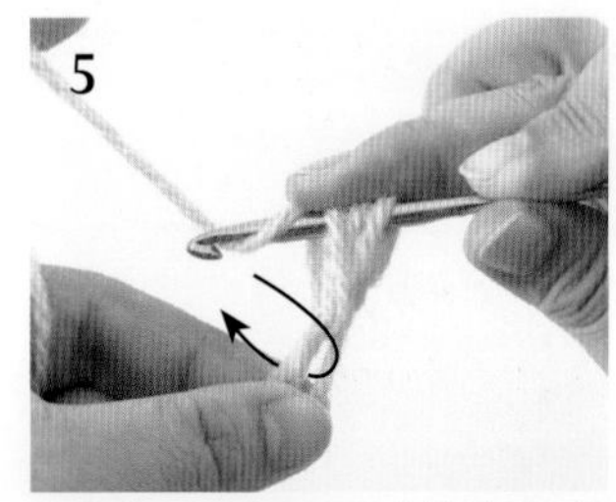

与步骤3、4相同，再次挂线后，将针插入环中，挂线后拉出3针锁针的高度。

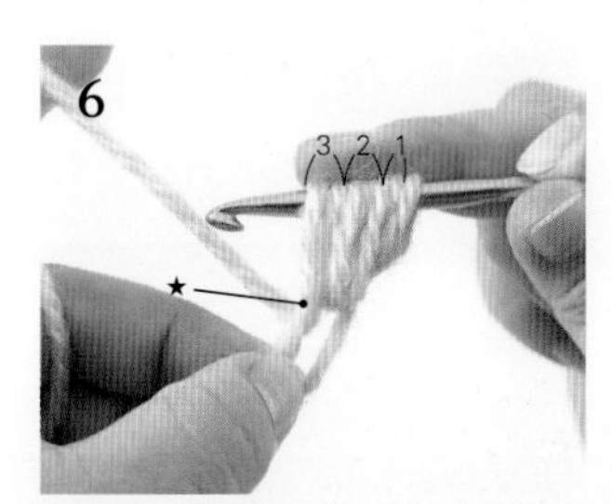

共3次，从环中将线拉出后的样子。

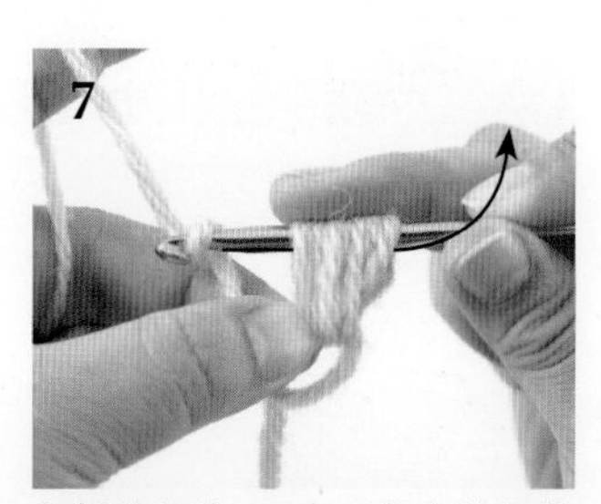

包括编织线，用左手紧紧地捏住根部（★），在针上挂线后，一次性引拔出。

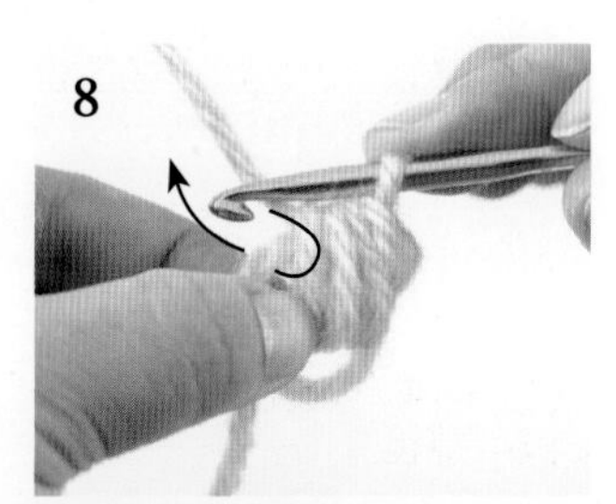

将针插入在步骤7中所形成的根部的上面的空间中。

要点教程 ◇ 纤维编织

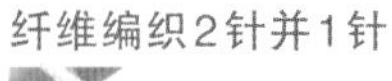

纤维编织2针并1针

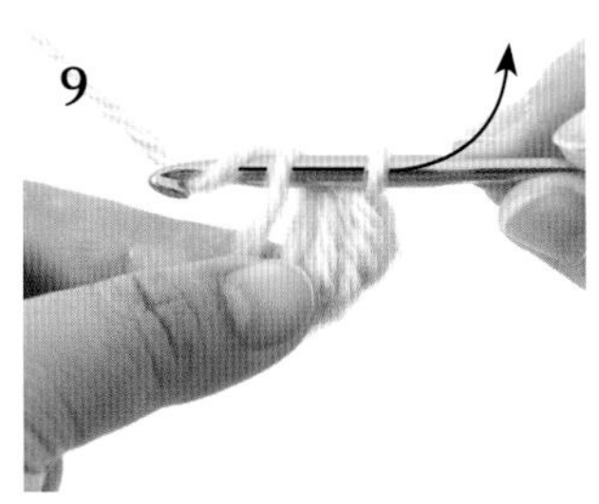

挂线后引拔。

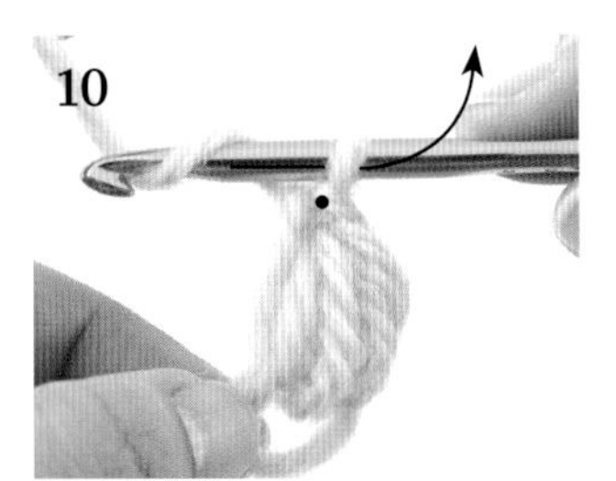

再一次挂线后引拔（钩织锁针）。

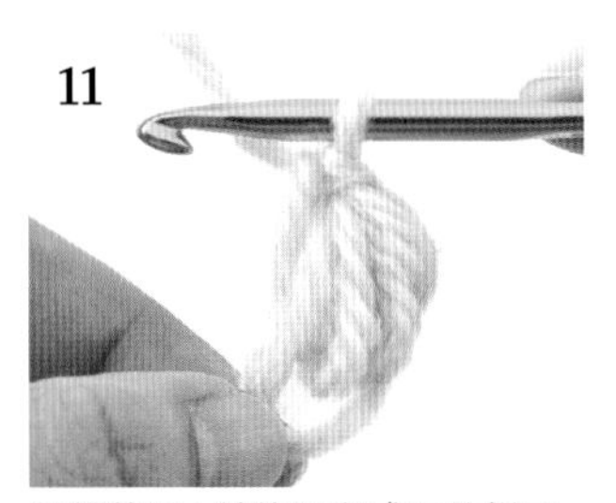

纤维编织1针钩织完成后的样子。

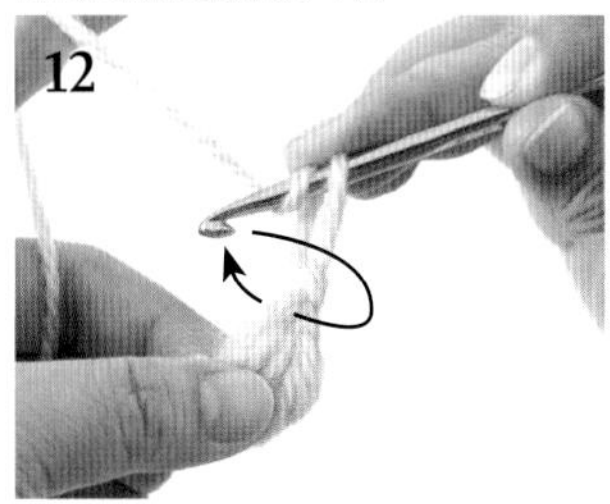

将针上的针目拉出相当于3针锁针的高度，挂线，将针插入步骤9中所形成的头部（步骤10 的●）中，与步骤3~6相同，拉出3次线。

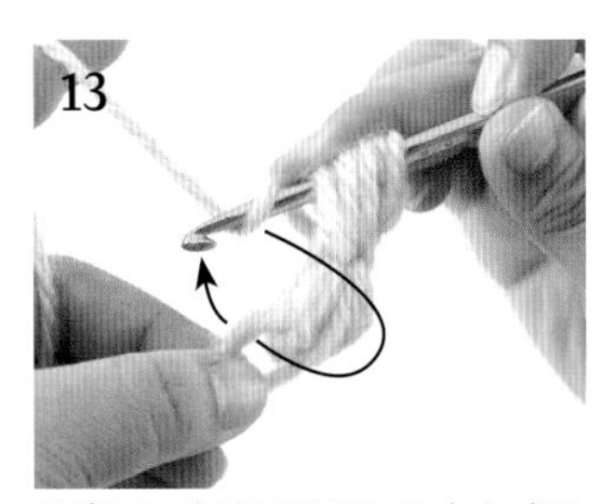

拉出了3次线后的样子（未完成的纤维编织）。再次在针上挂线，将针插入环中，与步骤3~6相同，拉出3次线。

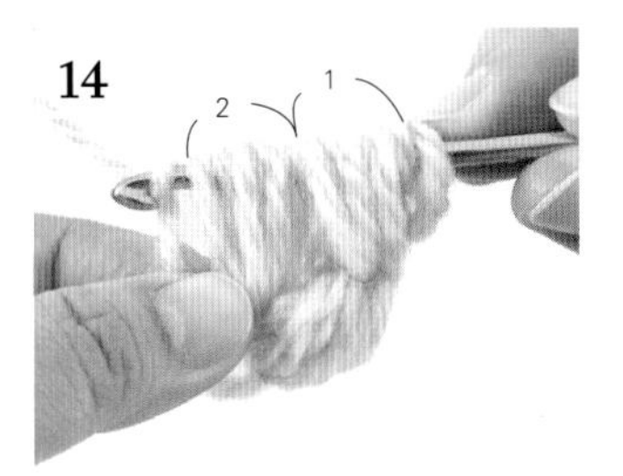

拉出了3次线后的样子（2针未完成的纤维编织）。与步骤7相同，用左手紧紧地捏住根部，一次性引拔出。

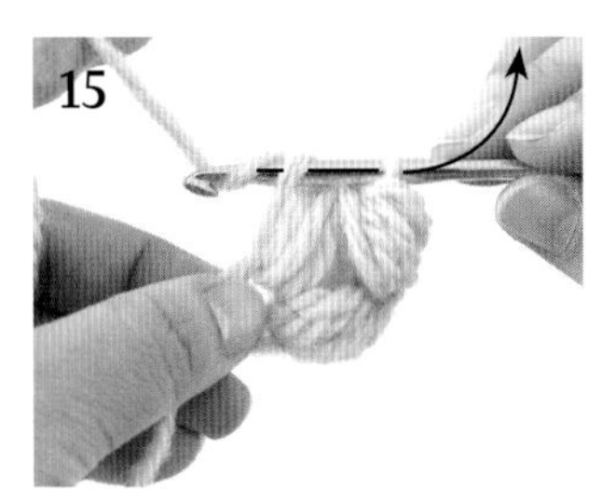

与步骤8相同，将针插入在步骤14中所形成的根部的上面的空隙中，挂线后引拔。

再钩织1针锁针。这是纤维编织2针并1针完成后的样子。随后与步骤12~15相同，再钩织4次纤维编织2针并1针。

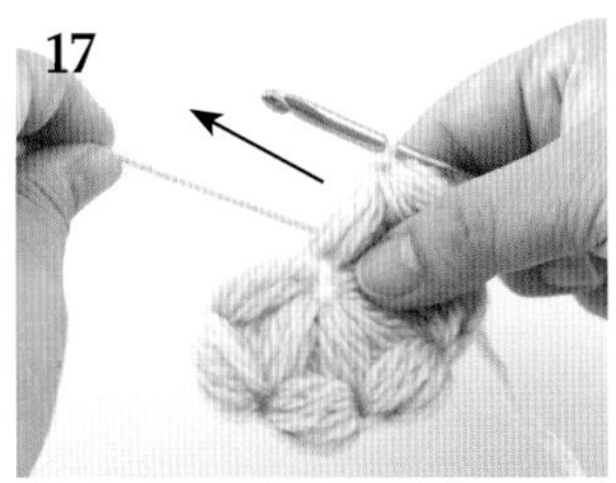

1针纤维编织和5针纤维编织2针并1针，钩织6针后，拉动编织起点的线头，将环形的中心收紧。

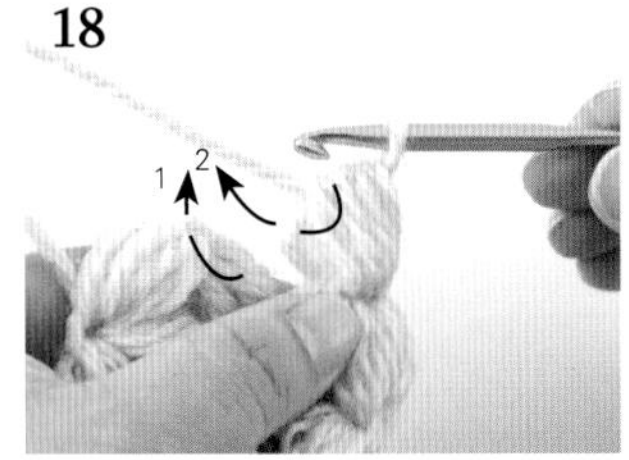

第7针钩织在第6针的头部上，注意在最后的引拔之前，先挑取头部的2根线（1），再将针插入线的根部的上面的空间中（2）。

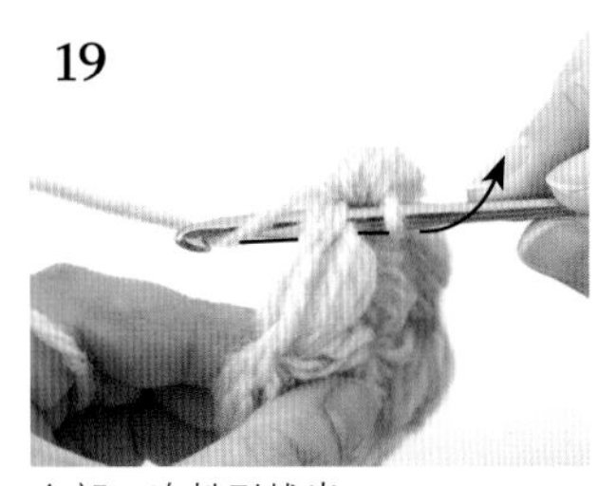

全部一次性引拔出。

第1行钩织完成后的样子。从针上的针目中引拔出，留出10cm左右的线后，将线剪断。

换线的情况

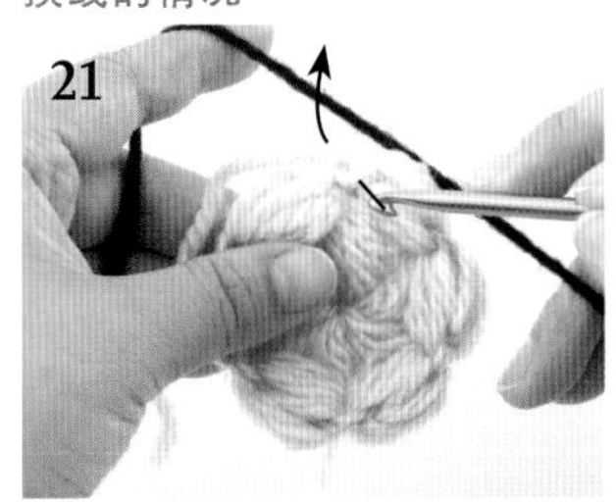

将针插入前一行第1针的头部，挂上新线后拉出。

加入了新线。再一次挂线后引拔（钩织锁针）。

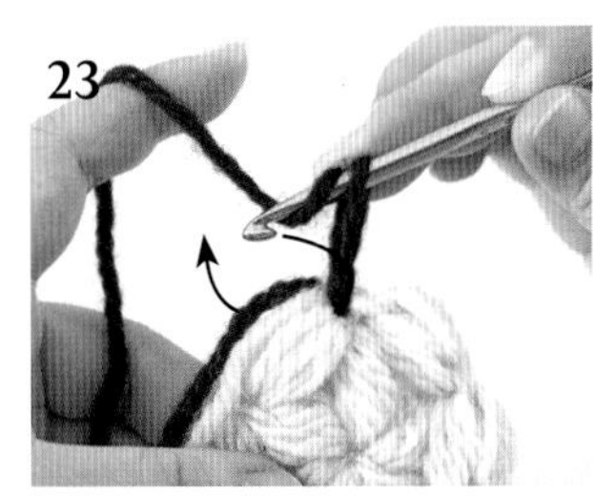

拉出相当于3针锁针的高度，再次挂线，将针插入同一位置（前一行的第1针的头部），钩织纤维编织。

第2行第1针钩织完成后的样子。

纤维编织3针并1针

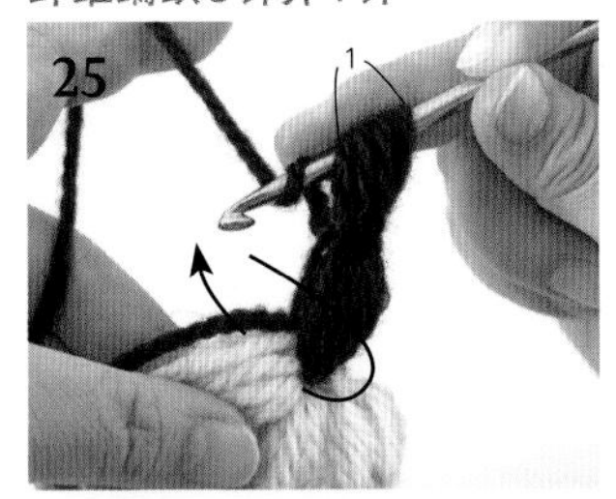

与步骤12相同，钩织第2针未完成的纤维编织，将针插入与步骤23相同的位置，再钩织1针未完成的纤维编织。

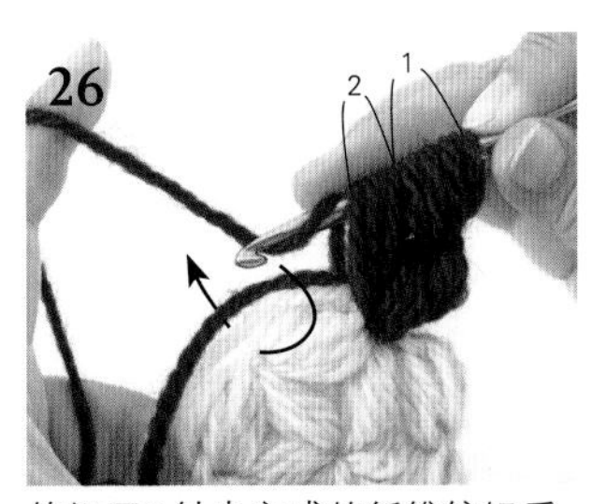

钩织了2针未完成的纤维编织后，再一次在针上挂线，将针插入第1行的第2针中，钩织1针未完成的纤维编织。

钩织了3针未完成的纤维编织后，使用与步骤7~9同样的方法引拔。

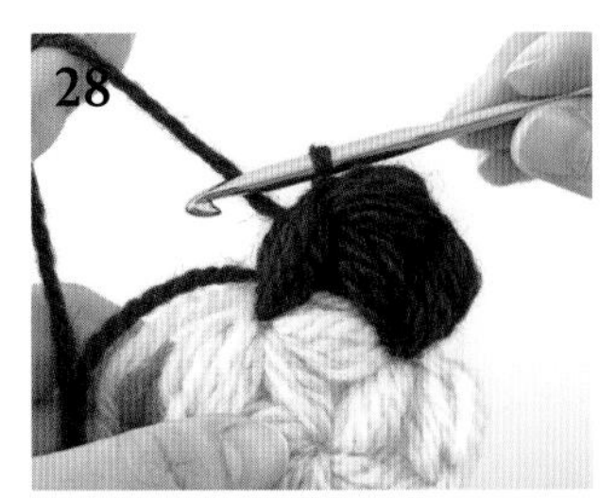

再钩织1针锁针。这是纤维编织3针并1针钩织完成后的样子。随后，参照图解交替钩织纤维编织的2针并1针和3针并1针。

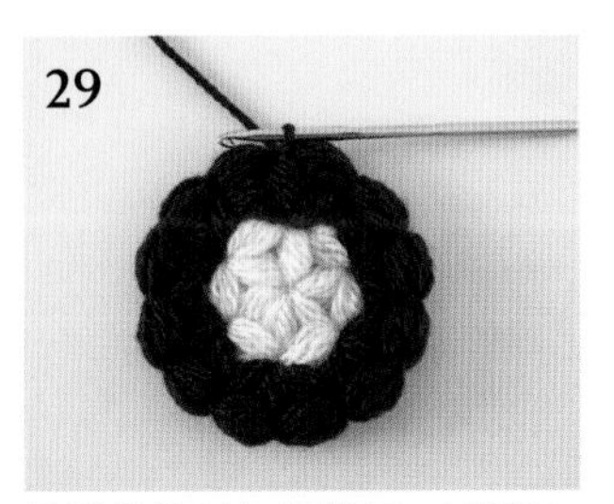

最后的针目与步骤18、19相同，这是第2行编织完成后的样子。第3行之后也按照图解钩织。

使用平常的拿针方法钩织起来比较困难时，可如图从上方拿着钩针，更便于钩织。

将纤维编织的起针连接成环形

※作品T《杯套》的编织起点。

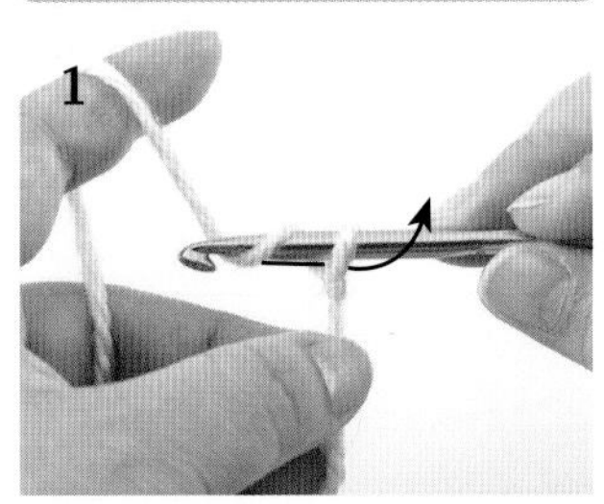

钩织1针锁针，将线拉出相当于3针锁针的高度。

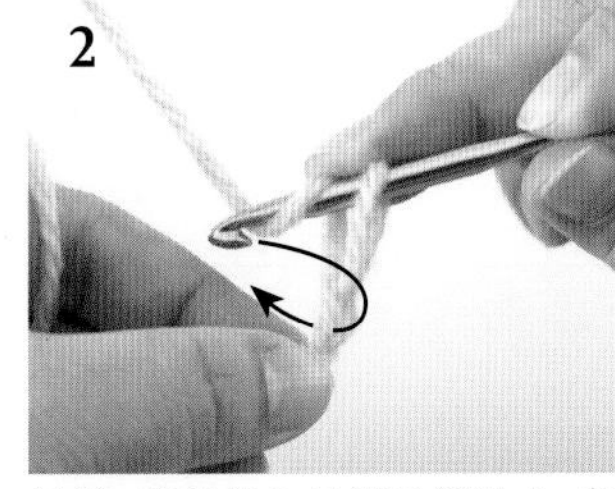

挂线，将针插入最初的锁针中，将线拉出（重复3次），与p.34、35的步骤6~11使用同样的方法钩织1针纤维编织。

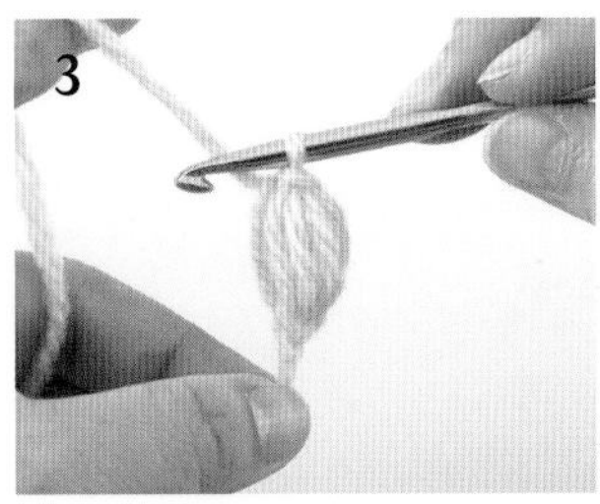

1针纤维编织钩织完成后的样子。

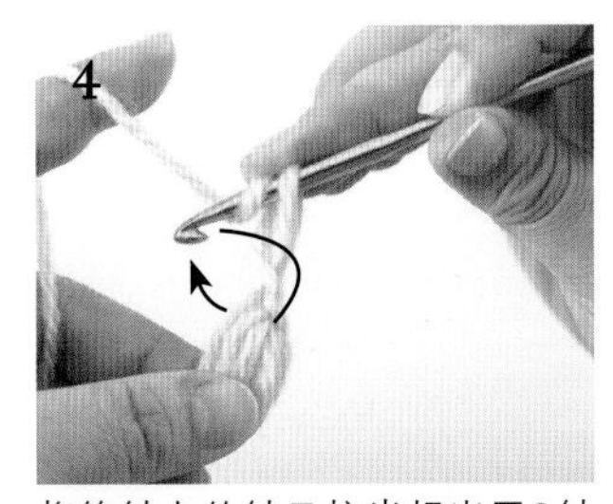

将钩针上的针目拉出相当于3针锁针的高度，挂线后将针插入第1针的头部，钩织纤维编织。重复钩织至所需针数的纤维编织。

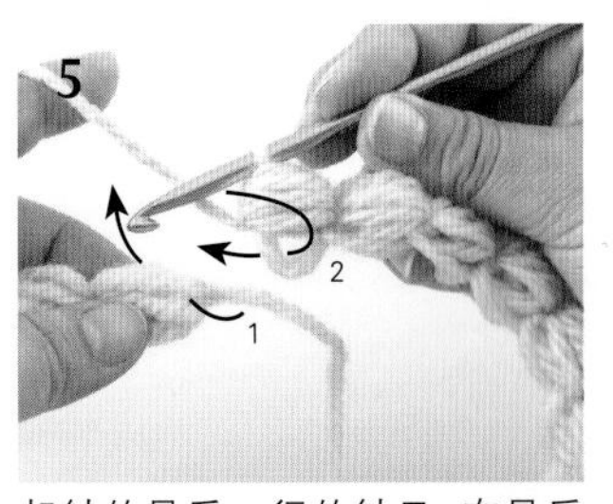

起针的最后一行的针目，在最后的引拔之前，先挑取最初的锁针（1），再将针插入线的根部的上面的空间中（2）。

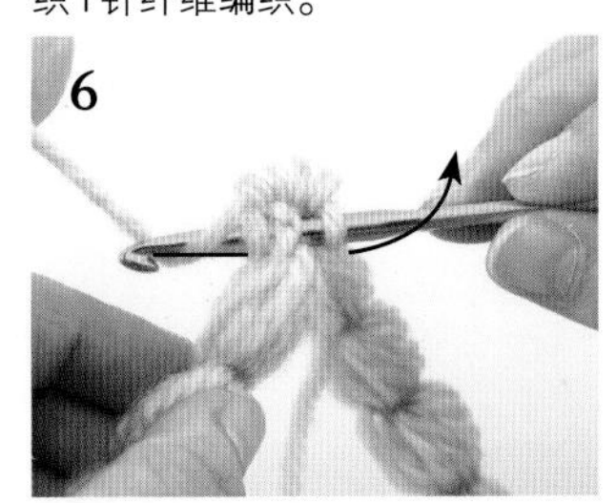

全部一次性引拔出。

纤维编织的起针连接成了环形。

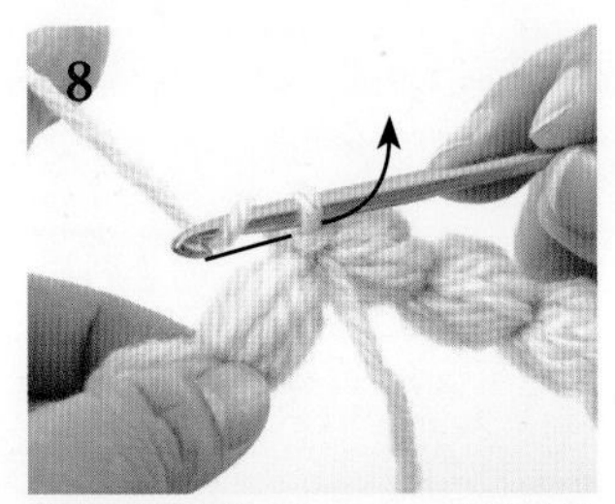

挂线，将线拉出相当于3针锁针的高度。

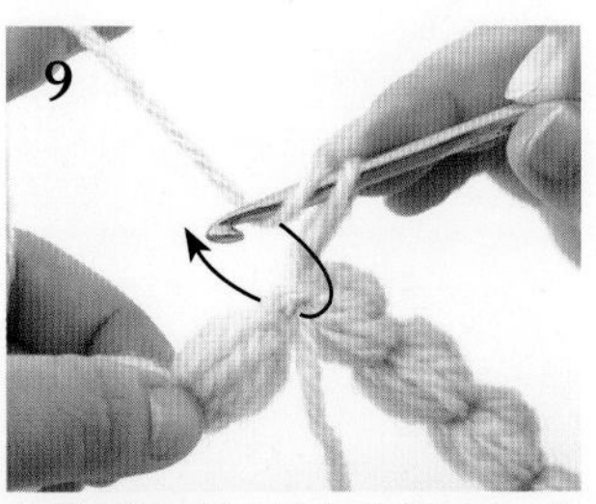

挂线，将针插入最初的锁针中，钩织纤维编织。

第1行的第1针纤维编织钩织完成后的样子。随后，按照图解钩织。

S. 利用粗线产生厚度 六边形坐垫

从环形起针开始钩织，
这是一款十分可爱的
双色六边形坐垫。
使用的是极粗线，所以坐上去松软又舒适。

设计◇濑端靖子
使用线◇和麻纳卡Men's Club Master
制作方法◇p.86

I. 使用段染线编织的绝妙 条纹花样杯套

会让织片变厚的纤维编织，
能防止热量散发，保温效果也绝佳。
若使用段染线编织，
还能很轻松地产生条纹花样。

设计◇濑端靖子
使用线◇和麻纳卡Alpaca Extra
制作方法◇p.87

Reversible Crochet

双面钩编

织片的正面和反面出现不同花样的双面钩编，

是将双重织片在单面交替钩织而成。

编织方法以锁针、短针、长针为主，并不难，

但针目的挑针方法、翻转织片的方法以及编织的顺序，需要一些小窍门。

Reversible Crochet 1

双面钩编 1

作品◇p.42、43

◇ 样片 ◇　　◇ 图解 ◇

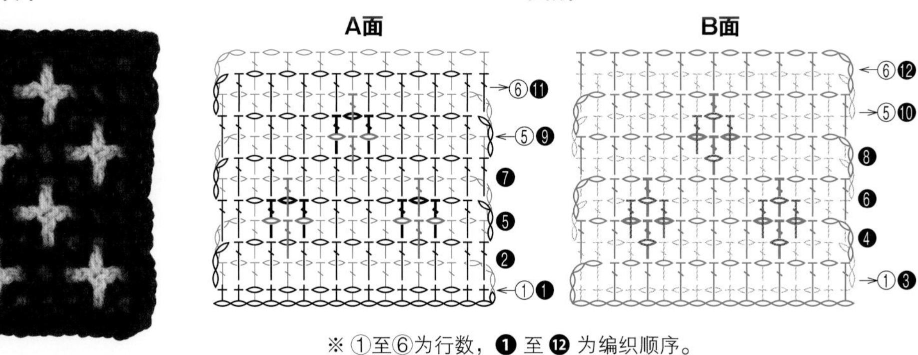

※ ①至⑥为行数，❶ 至 ⓬ 为编织顺序。

这是使用方眼针制作双面花样的方法。 A面和B面分别各钩织1行，再交替钩织。 A面和B面镂空的位置前后错开，在其空隙中，使用反面的线钩织上针目，即可制作出几何花样。

Reversible Crochet 2

双面钩编 2

作品◇p.45

◇ 样片 ◇　　◇ 图解 ◇

A面　　B面

※ ①至⑦为行数，❶ 至 ⓮ 为编织顺序。

将前、后织片重叠，钩织扇形花样。 A面和B面分别各编织2行，再交替钩织。在钩织扇形花样的位置，挑取另一片的锁针针目钩织，从而形成双重织片。

要点教程 ◇ 双面钩编 1

※步骤图中，A面使用A色线——深棕色线钩织，B面使用B色线——米色线钩织。

A面使用A色线钩织2行。取出钩针，为了不让针目散开，别上记号扣备用。

2

B面使用B色线钩织1行，钩织第2行3针立起的锁针，翻回正面。

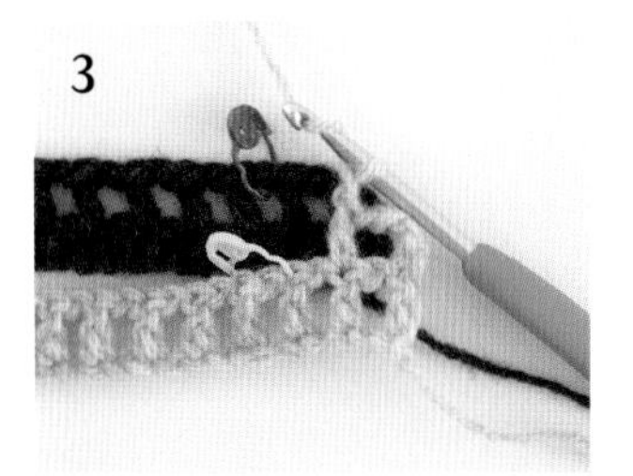

随后，按照图解，在B面钩织1针锁针、1针长针、1针锁针（B面的第2~4针）。接下来，将A面、B面相对地拿着，挑取各自的第5针钩织。

※为了更加清楚，在需要挑针的下一针上别上记号扣。

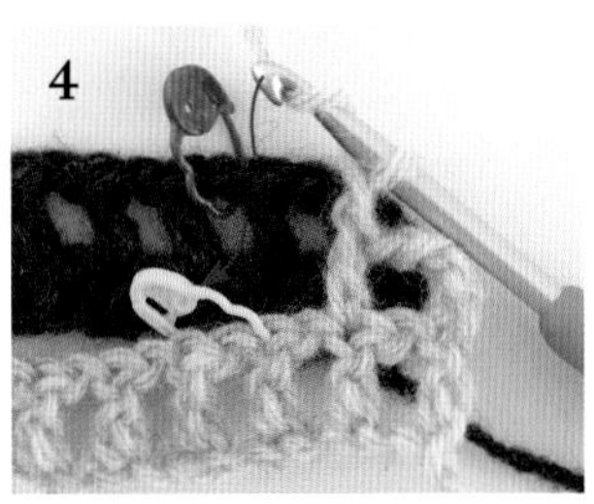

针上挂线，首先整段挑起A面第5针锁针。再将针按照箭头的方向从后面插入。

※整段挑起：将针插入前一行锁针下面的空间中，挑取针目时将锁针全部挑起。

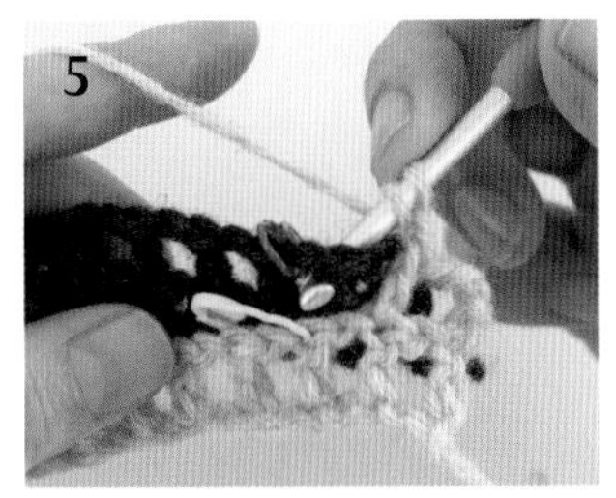

插入针时的样子。

接下来，挑取B面第5针长针的头部。针按照箭头的方向从前面插入。

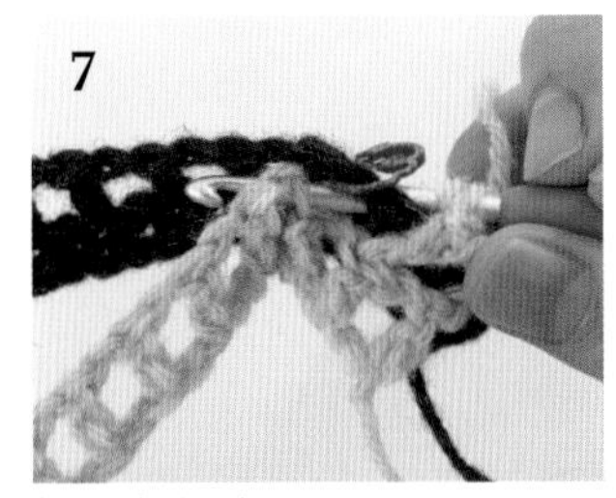

插入针时的样子。

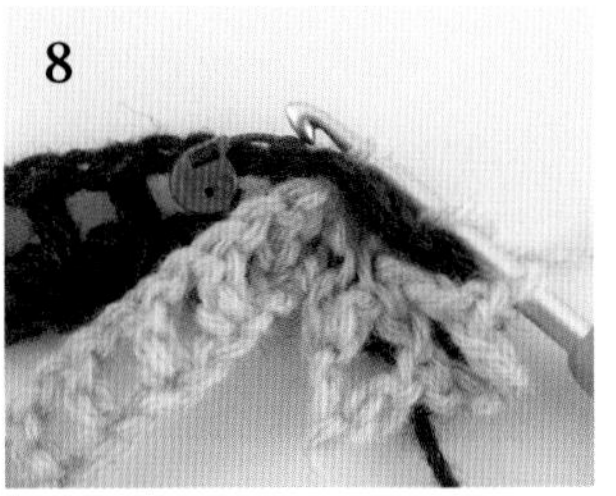

直接将针尖向A面的后面拉出。

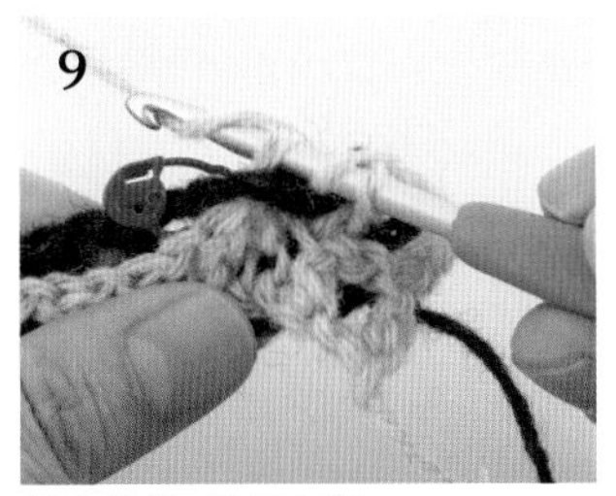

针上挂线，钩织长针。

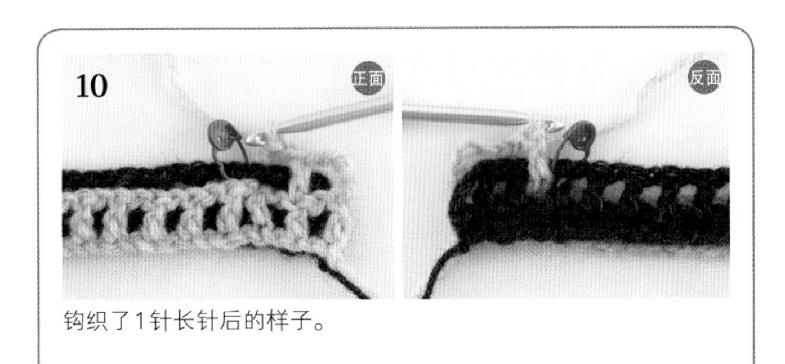

钩织了1针长针后的样子。

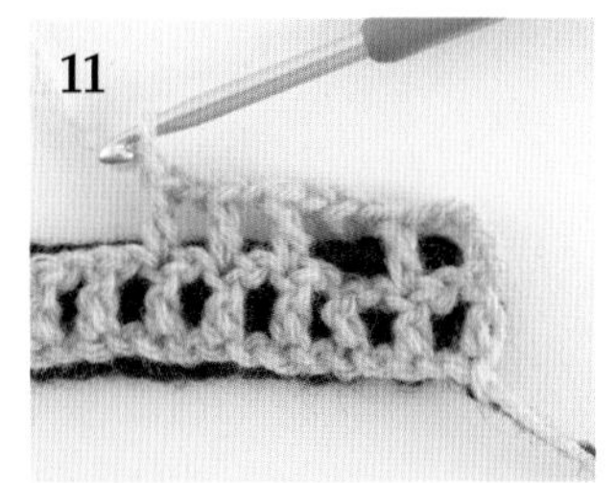

第6~12针按符号图钩织，仅在B面上钩织。

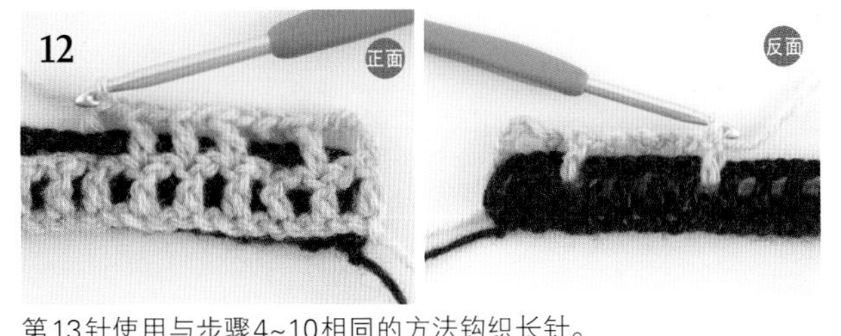

第13针使用与步骤4~10相同的方法钩织长针。

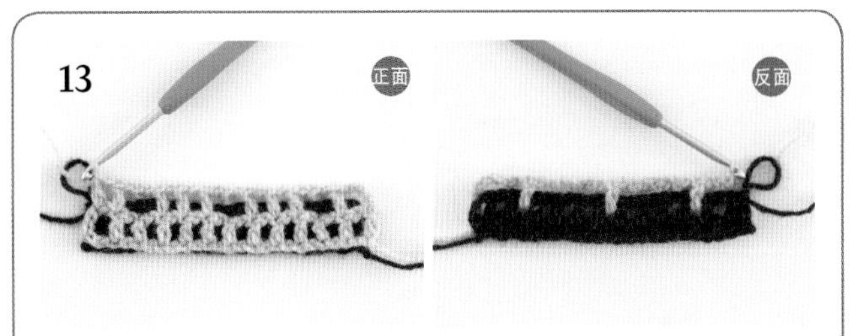

按照符号图，在指定的位置使用与步骤4~10相同的方法钩织长针，直至最后。B面的第2行钩织完成。

要点教程 ◇ 双面钩编 1

将针从B面的针目中取出，为了不至于散开，别上记号圈备用。将针插入A面休针的针目中，钩织3针立起的锁针。

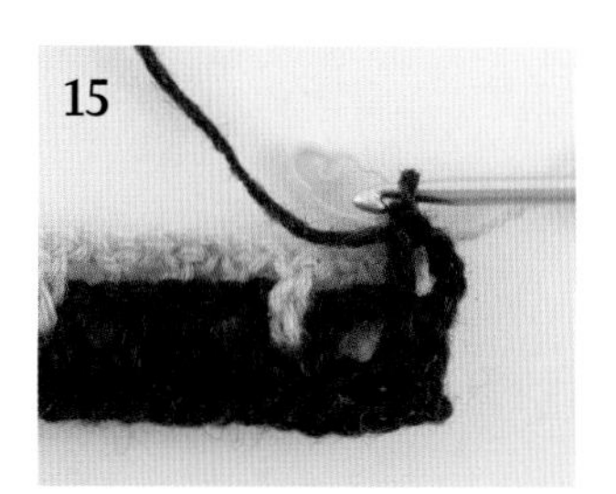

翻转织片，按照符号图，A面钩织1针长针、1针锁针（A面的第2、3针）。

第4针，针上挂线，首先整段挑起B面第4针的锁针。再将针按照箭头的方向从织片后面插入。

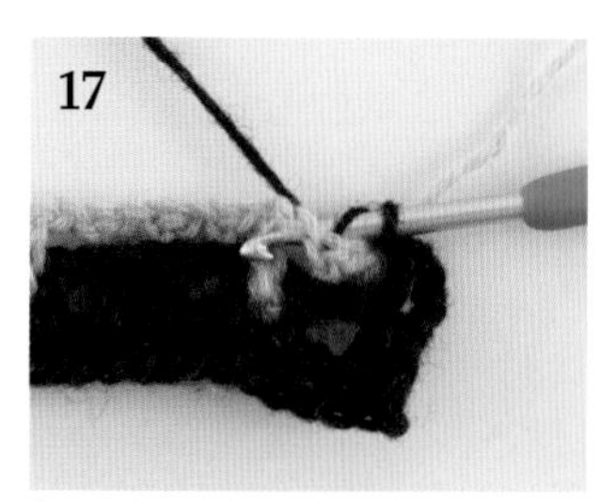

插入针后的样子。

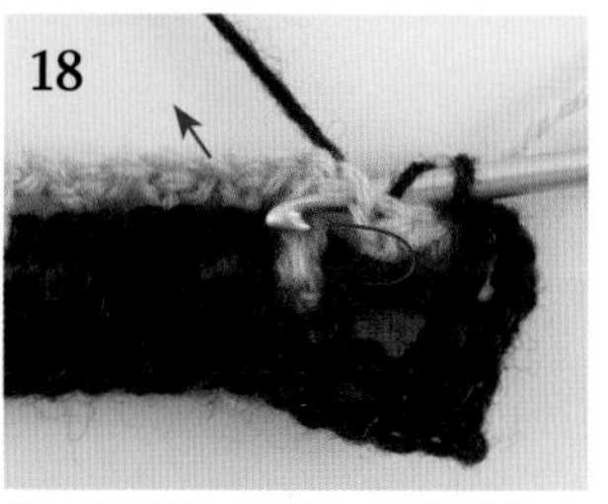

接下来挑取A面第4针长针的头部。按照箭头的方向，从织片的前面插入。

将针尖向B面的后面拉出，针上挂线，钩织长针。

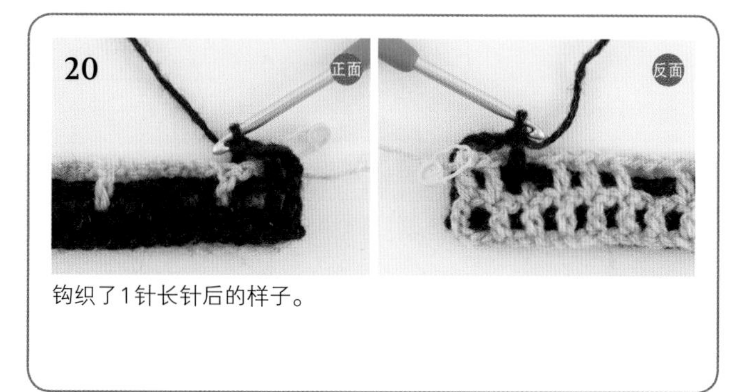

钩织了1针长针后的样子。

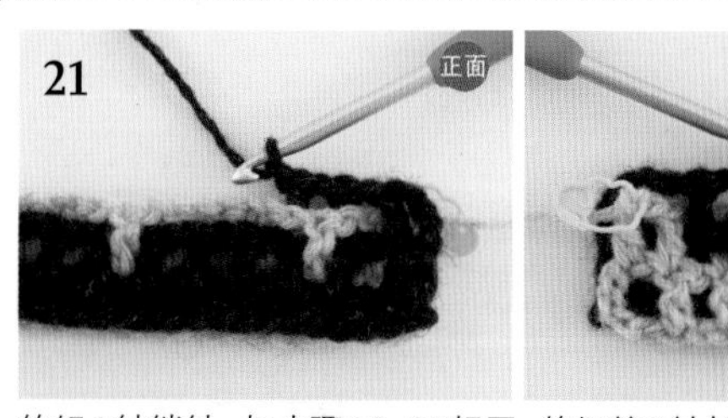

钩织1针锁针，与步骤16~20相同，钩织第6针长针。

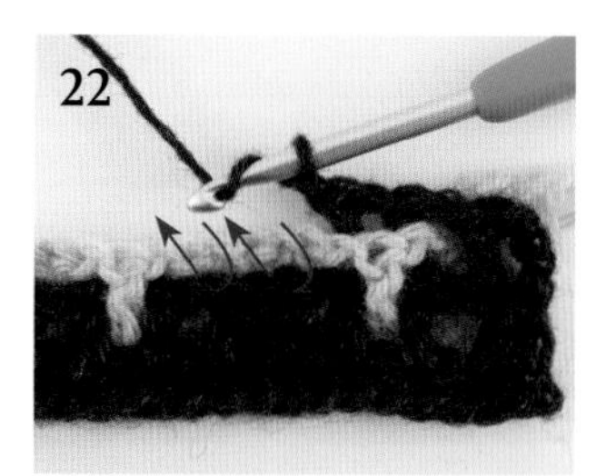

第7~11针，按照符号图，仅钩织A面。

第7~11针钩织完成后的样子。

按照图解，在指定的位置使用与步骤16~20相同的方法钩织长针，直至最后。A面的第3行钩织完成。暂将针从A面的针目中取出，为了避免针目散开，别上记号扣备用。

将针插入B面休针的针目中，钩织3针立起的锁针。

翻转织片，按照符号图，在B面钩织1针锁针、1针长针、1针锁针（B面的第2~4针）。B面的前一行的第5针出现在A面，要将钩织插入该长针的头部，钩织长针。

27

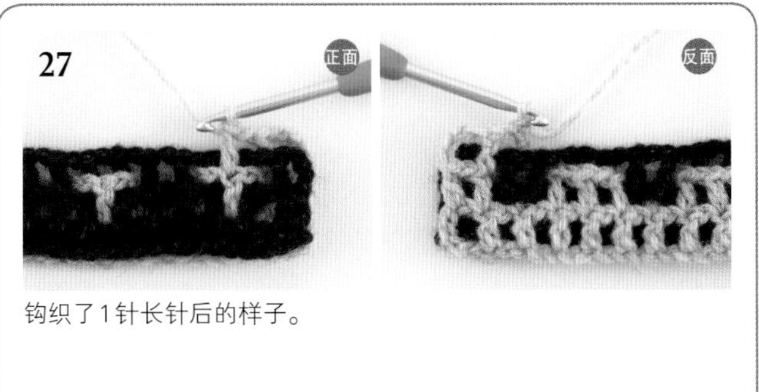

钩织了1针长针后的样子。

28

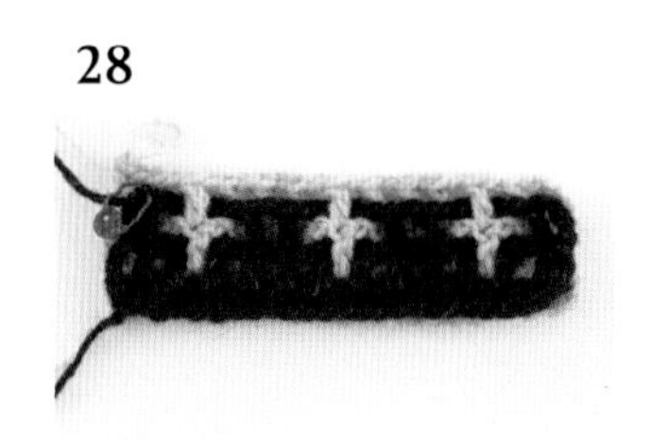

使用同样的方法，按照符号图，钩织至该行最后。B面的第3行钩织完成。将针从B面的针目中取出，为了避免针目散开，别上记号扣针备用。

29

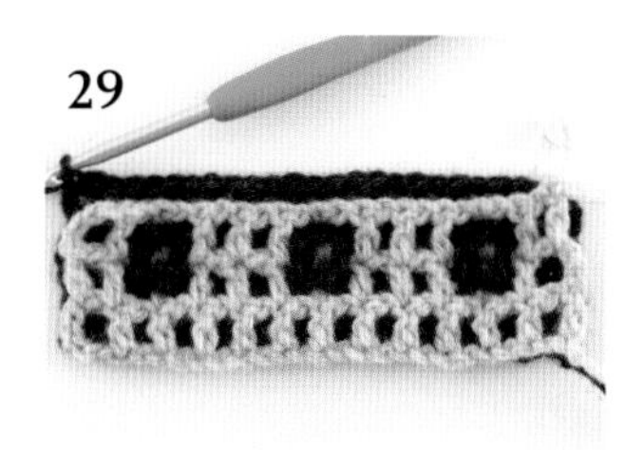

A面的第4行按符号图，仅在A面重复钩织1针长针、1针锁针。A面的第4行钩织完成。

30

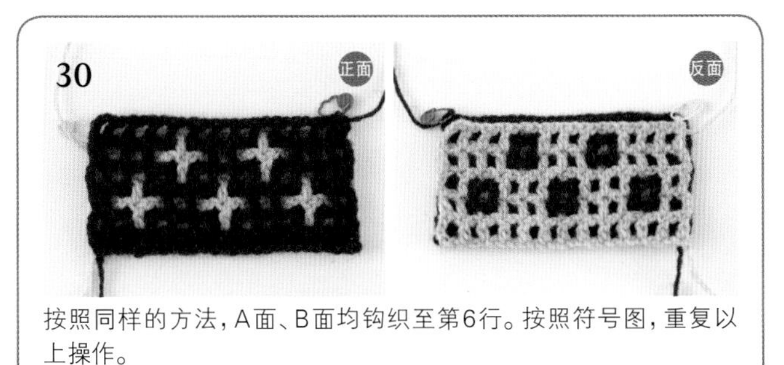

按照同样的方法，A面、B面均钩织至第6行。按照符号图，重复以上操作。

环形编织时的要点

双面钩编1在环形编织时，也是做往返编织，但为了在换行时也不影响接下来的花样，要钩织几针引拔针来移动立起的锁针的位置。

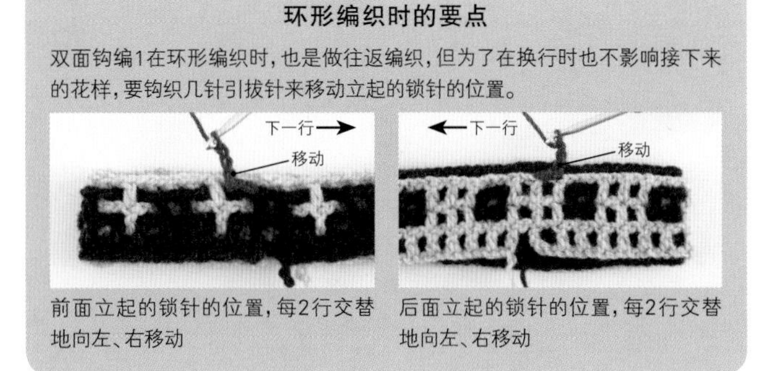

前面立起的锁针的位置，每2行交替地向左、右移动

后面立起的锁针的位置，每2行交替地向左、右移动

配色变化

选择颜色的要点是A面、B面的颜色要有色差。

A面 / B面

◇ 活泼 ◇

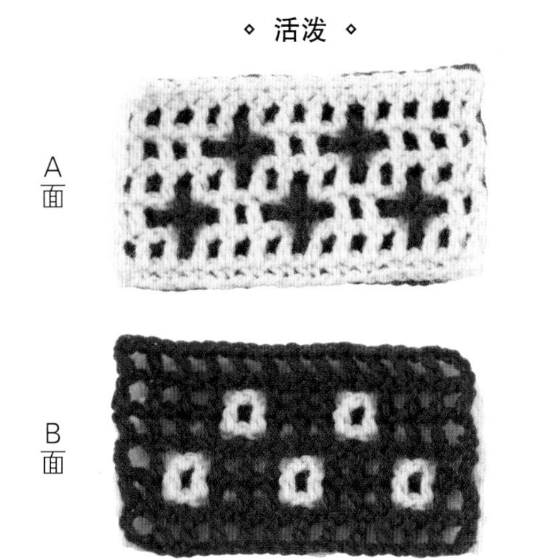

当一面的配色选择了又纯又鲜艳的颜色时，另一面就选择比较低调的浅灰白色，从而呈现出清爽、具有冲击力的视觉效果。

◇ 自然 ◇

使用素雅的大地色，呈现出温暖、自然的感觉。浅色比起白色，使用米色，更好搭配。

◇ 深浅 ◇

同一种颜色的深、浅配色，是既时尚又不会失败的配色。选择深浅不同的颜色，或是冷色调，可以编织出中性风的作品。

U. 时尚的配色
北欧风双面毛毯

这是一款米色+蓝绿色的
北欧风配色毛毯。
正面与反面的花样虽然不同
但都是同样图案的重复操作，
记住一个图案的编织方法就能顺利地完成了。

设计◇横山加代美
使用线◇DARUMA Shetland Wool
制作方法◇p.88

V. 戴法不同感觉也不同的 北欧风双面围脖

这是将北欧风毛毯的花样
环形编织而成的围脖。
以哪一面为主色，可以根据自己的喜好来定。
不经意瞥见的反面的花样，也很漂亮。

设计◇横山加代美
使用线◇DARUMA Airy Wool Alpaca
制作方法◇p.90

要点教程 ◇ 双面钩编 2

※步骤图中，A面使用A色线——浅茶色线钩织，B面使用B色线——红色线钩织。
※仅在编织起点处，与每2行的花样的重复不同，请注意。

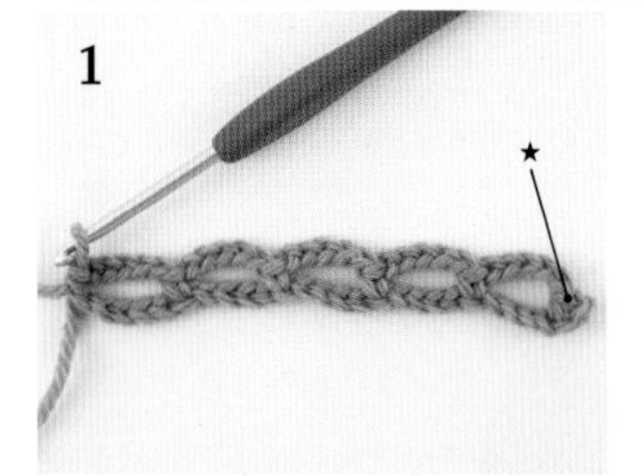

A面的第1行使用A色线钩织。将针取出，拉大挂在针上的针目，休针备用。
※为了保证不散开，在休针的针目上别上记号扣会更好。

接下来钩织B面的第1行。首先，在步骤1的★（第1针的短针的头部）的位置，系上B色线，打一个结。

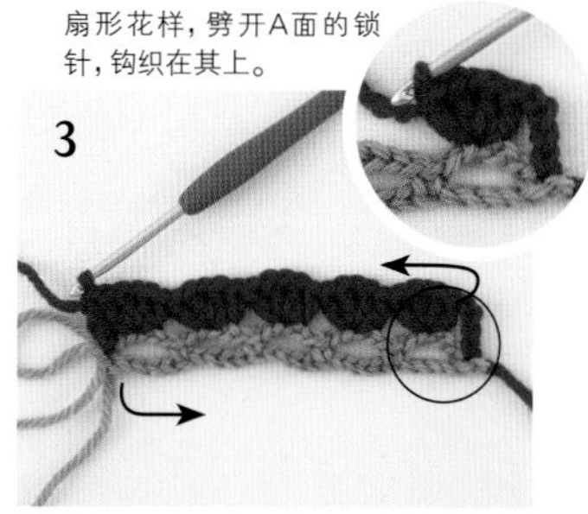

随后，使用B色线钩织4针立起的锁针，劈开A面锁针的同时挑取针目，按照符号图，钩织第1行。最后将针取出，拉大挂在针上的针目，休针备用。

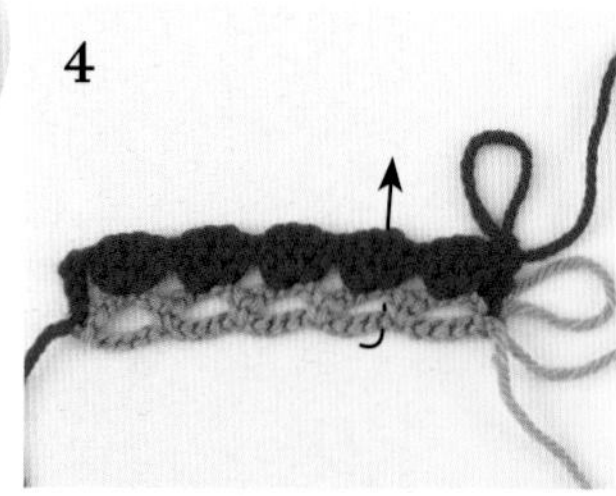

按照步骤3中的箭头，翻转织片。随后，为了使A面在上，将织片上下翻转。

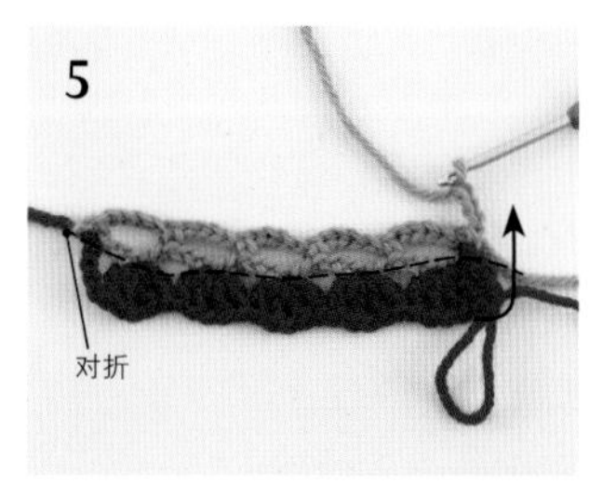

将针插入休针的A面的针目中，将线收紧，钩织4针立起的锁针。对折，将织片的A面、B面重叠。

钩织A面的第2行。针上挂线，整段挑起起针的锁针和B面的扇形花样中央的锁针。
※整段挑起：参见p.39的步骤4。

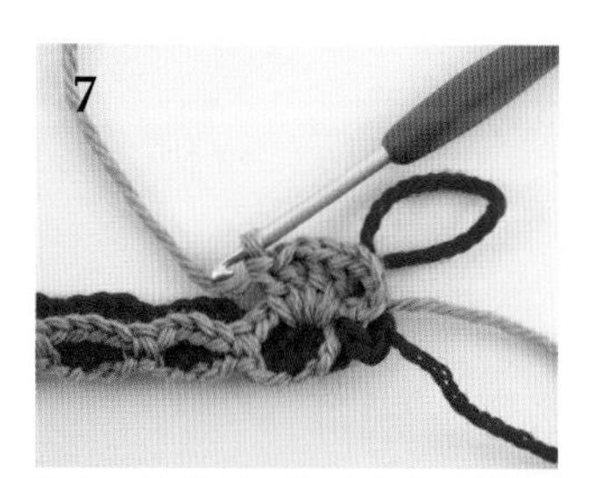

钩织1针长针。随后在同一针目钩织1针长针、1针锁针、2针长针，制作扇形花样。

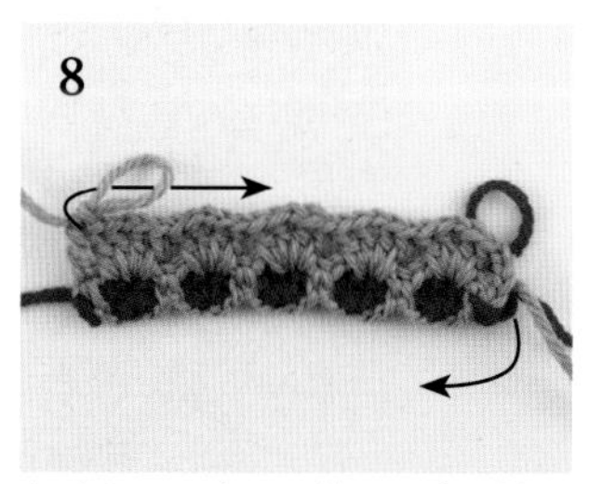

与步骤6、7相同，按照图解，钩织至该行最后。最后将针取出，拉大挂在针上的针目，休针备用。按照箭头的方向翻转织片。

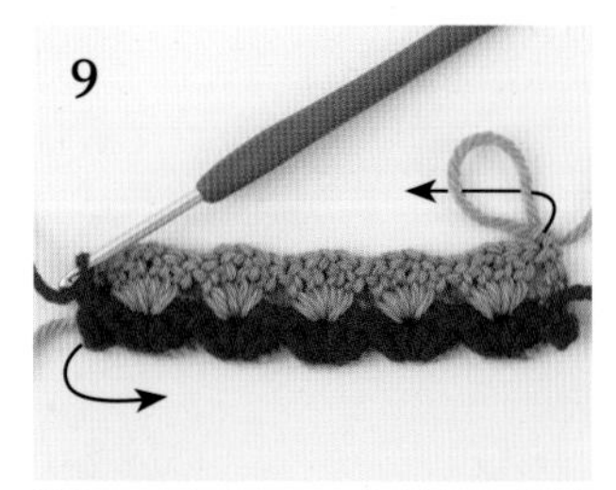

钩织B面的第2行。将针插回休针备用的B面的针目中，钩织1针立起的锁针。按照箭头的方向翻转织片。

为了使B面钩织起来更方便，将A面朝下备用（朝向织片前面倒），钩织1针短针。

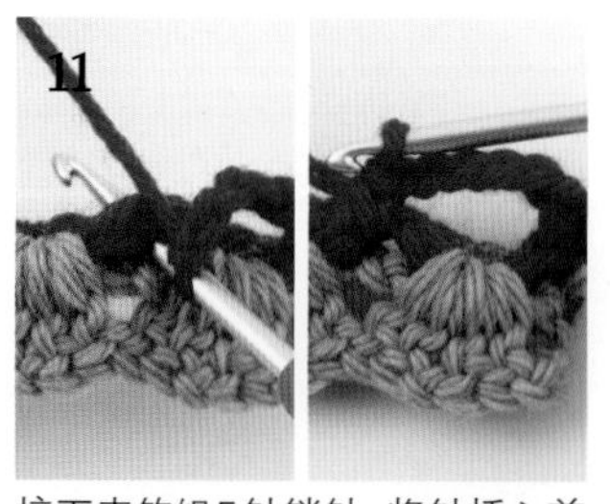

接下来钩织5针锁针，将针插入前一行扇形花样之间的空隙中，钩织1针短针，使其完全包裹住前一行。

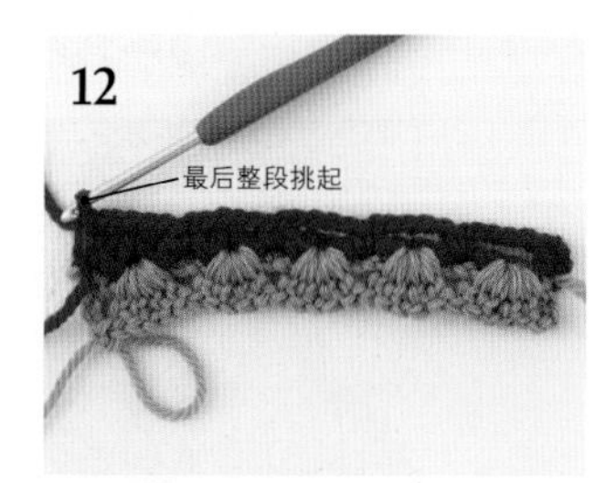

与步骤11使用相同的方法，钩织至该行最后。最后的短针，整段挑起前一行的锁针钩织。

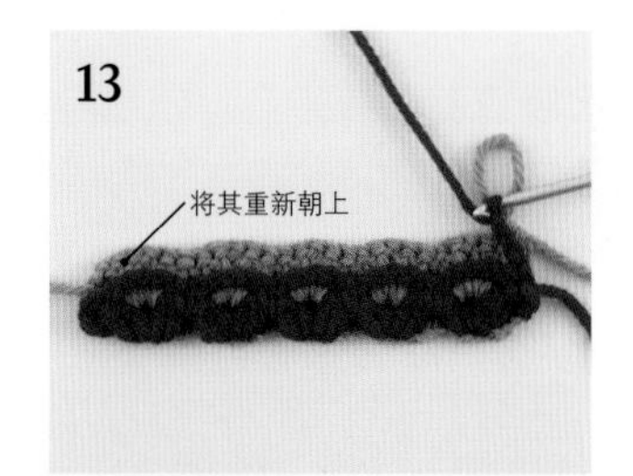

钩织B面的第3行。首先钩织4针立起的锁针，翻转织片。将A面重新朝上备用。

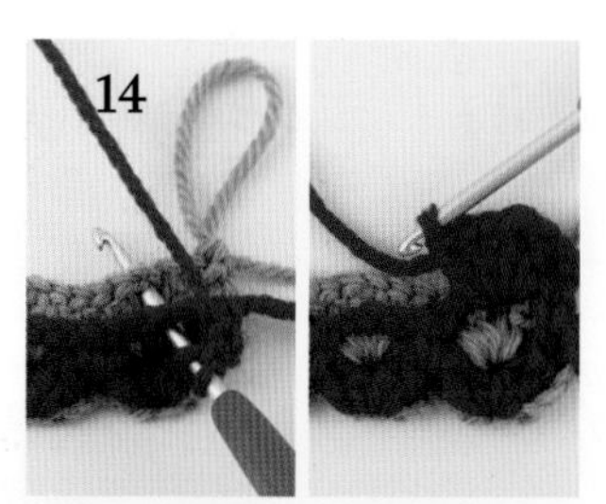

使用与步骤6、7同样的方法，使用B色线钩织扇形花样。

钩织扇形花样时，也要同时包裹着A面的锁针钩织，按照图解，钩织至该行最后。最后将针取出，拉大挂在针上的针目，休针备用。

接下来，使用与步骤9~15同样的方法，A面、B面各钩织2行，交替地钩织下去。

W. 反面也很漂亮 带盖手拿包

只需将双面钩编的织片
折两折就能做成。
打开盖子，反面出现了色彩不同的花样。
反面的设计也很漂亮。

设计◆今村曜子
使用线◆和麻纳卡Exceed Wool L<中粗>
制作方法◆p.92

Bullion stitch

卷线编织

从针上的若干圈线中一次性引拔出，即为卷线编织。这是类似于刺绣中卷线绣的编织方法，可以为花片、蕾丝编织作品等带来极具个性的质感。

作品◇p.47

◇ 样片 ◇

◇ 图解 ◇

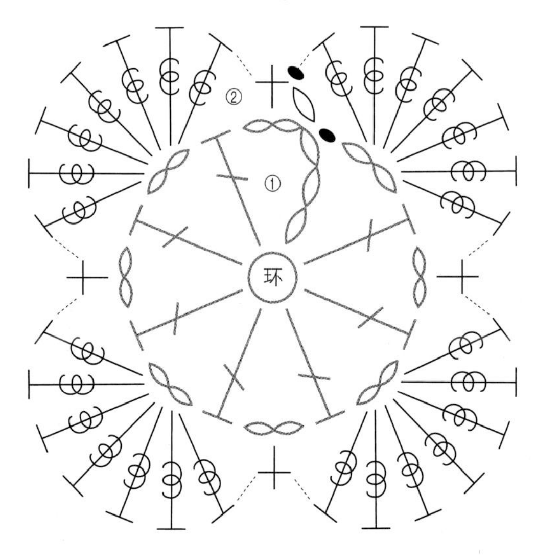

◇ 要点教程 ◇

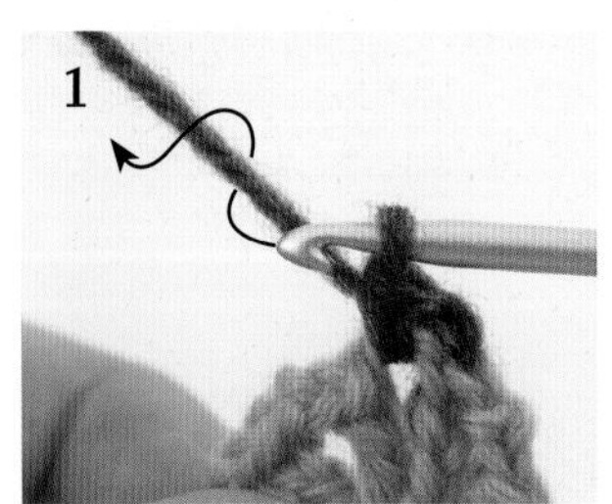

钩织第1行，在最后的引拔针换另一种颜色的线。第2行，钩织1针短针后，将针按照箭头方向移动，将线卷绕到针上。

在针上绕了10次线后的样子。随后，按照箭头方向入针，整段挑起前一行的锁针。

※整段挑起：参见p.39的步骤4。

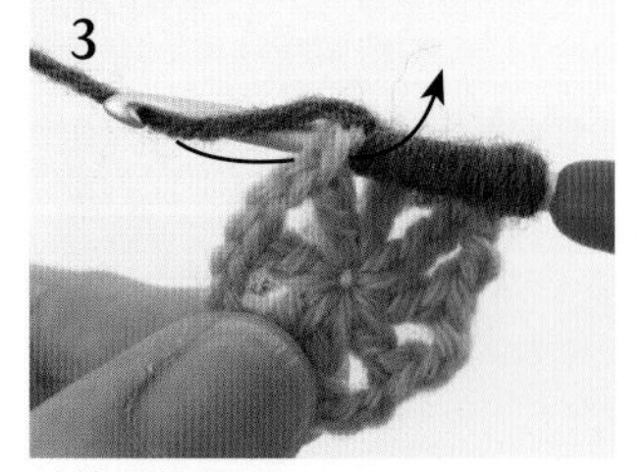

挂线后拉出。

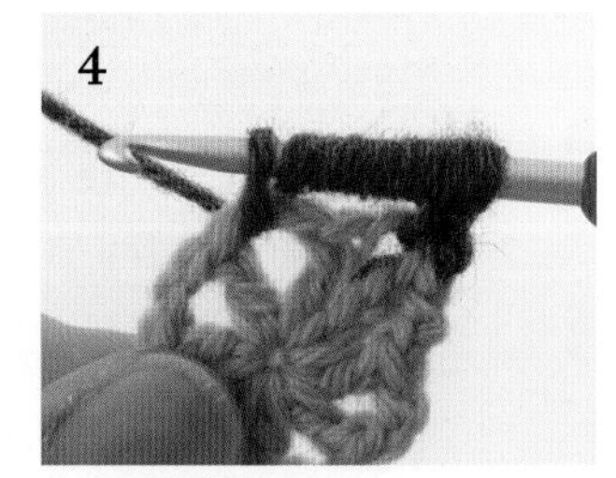

拉出后的样子。

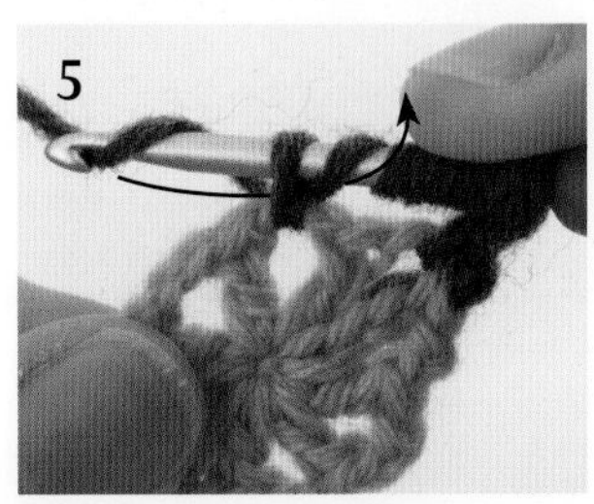

在针上挂线，从针尖的2个线圈中引拔。

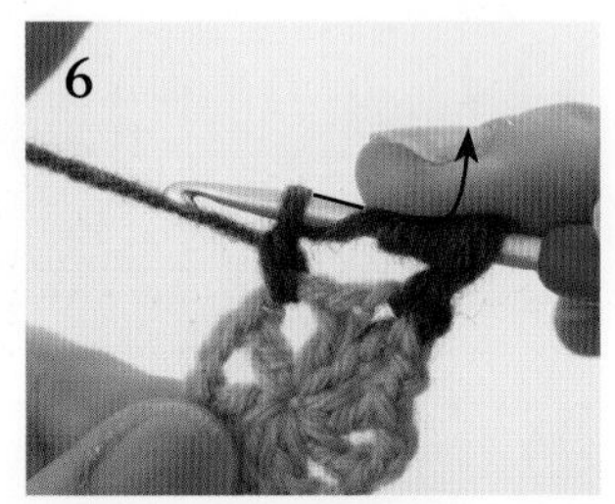

一个接一个地从卷绕在针上的线圈中引拔出来。

当从所有卷绕的线圈中引拔出来后，再次在针上挂线，从针上的2个线圈中一次性引拔出 。卷线编织1针完成后的样子。

使用与步骤1~7同样的方法，按照图解，钩织7针卷线编织。这是钩织完成了1个花瓣后的样子。重复以上操作。

Y. 以镂空花样为主的 蕾丝口金包

这款口金包是将作品X的花片
衍变成为经典的蕾丝编织而成。
单色更显典雅高档，
再配上带有提手的口金即可。

设计◇稻叶有美
使用线◇和麻纳卡Aprico
制作方法◇p.94

X. 1片花片就能做成的简单 三色堇胸针

将卷线编织作为花瓣的
立体三色堇，
只需1片花片就能制作成令人过目难忘的胸针，
再加上茎与叶，作品更具动感。

设计◇稻叶有美
使用线◇和麻纳卡Aprico
制作方法◇p.75

作品使用的线材

为了让花样更加漂亮，选择线材是很重要的一件事。
因线的材质、形状的不同，也会织出不同的织片，请享受其中的乐趣吧。

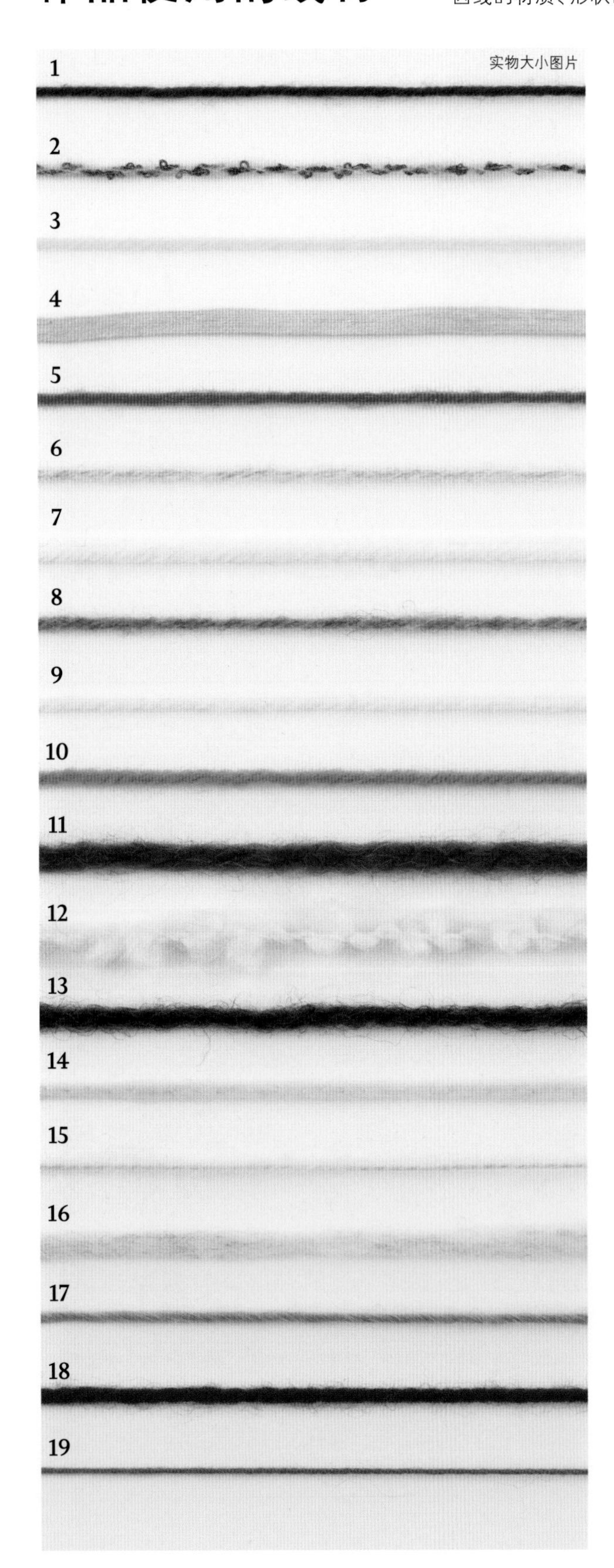

◇ SKI YARN

1 **Ski Tasmanian Polwarth**：这是使用100%的澳大利亚塔斯马尼亚岛产的珍贵的Polwarth羊毛制成的线。1团40g(约134m)，全28色。

2 **Ski Neige**：这是由带有多彩的小小的圈圈线和柔软的起毛线双重缠绕而成的花式毛线。1团30g(约115m)，全9色。

◇ DARUMA

3 **iroiro**：这是一款拥有50种颜色变化的极具魅力的毛线。小小的一团，很适合制作小物件。1团20g(约70m)，全50色。

4 **GIMA**：这是一款将棉、麻进行仿麻加工(制作出类似于麻一样的手感)后的带子状的线。1团30g(约46m)，全7色。

5 **Soft Lambs Sport**：这是一款在羔羊毛中混入柔软的腈纶，制作出既轻又不易缩水的平直毛线。1团30g(约103m)，全32色。

6 **Airy Wool Alpaca**：这是一款表面呈拉毛状的轻质线。美丽诺羊毛80%、皇家幼羊驼毛20%。1团30g(约100m)，全10色。

7 **Falkland Wool**：这是一款以张力和弹性见长的福克兰羊毛和幼羊驼毛混合的柔软线材。1团50g(约85m)，全5色。

8 **Shetland Wool**：这是一款100%使用了柔软又极具光泽度的设得兰群岛羊毛制成的线。弹性及耐久性俱佳。1团50g(约136m)，全11色。

◇ 和麻纳卡

9 **Sonomono<粗>**：这是一款温暖的保留自然颜色的羊毛线。棒针编织自不必说，钩针钩织起来也很方便。1团40g(约120m)，全5色。

10 **Amerry**：这是一款在新西兰美丽诺羊毛中混入了腈纶的线。弹性及保暖性极佳。1团40g(约110m)，全38色。

11 **Of Course！ Big**：这是一款质量轻、手感舒适、极具魅力的超级粗线。很适合编织外套、围巾、帽子等。1团50g(约44m)，全20色。

12 **Sonomono Loop**：这是一款在羊毛中加入了羊驼毛，从而制作出的更加柔软的圈圈线。很适合制作体积大的作品。1团40g(约38m)，全3色。

13 **Men's Club Master**：这是一款从小物件到毛衣，适用范围非常广的极粗线。是方便的可水洗类型。1团50g(约75m)，全30色。

14 **Fuuga<Solo Color>**：这是一款将捻度较松的羊毛单线制作成人造丝线状的线。线不容易散、很好编织，中粗。1团40g(约120m)，全11色。

15 **Alpaca Mohair Fine**：这是一款使用了安哥拉山羊和细毛羊驼的优质马海毛线。成品极轻，是它的魅力之所在。1团25g(约110m)，全25色。

16 **Canadian 3S <Tweed>**：这是一款将科维昌毛线制作成1/2粗细的粗纱毛线。多彩的三色棉结十分可爱。1团100g(约102m)，全8色。

17 **Alpaca Extra**：这是一款使用幼羊驼毛的粗纱毛线。渐变色的反复出现很有趣，粗线。1团25g(约96m)，全17色。

18 **Exceed Wool L<中粗>**：这是一款使用了精选细美丽诺羊毛的通用性很高的中粗线。颜色也很丰富。1团40g(约80m)，全39色。

19 **Aprico**：这是一款使用了柔软并拥有漂亮光泽的美国比马棉制成的棉线。一年四季都可以使用。1团30g(约120m)，全28色。

制作方法

编织时带线的手劲儿因人而异。
参考作品的尺寸和编织密度，再结合自己的手劲儿，
可以对针号或线的使用量做适当的调整。
请参考在第4~47页介绍的每个作品的
花样的特征以及编织方法的要点教程。

※除指定以外，图中数字的单位均为厘米（cm）。
※基础编织方法，请参照第97页开始的技法介绍。
※本书中使用的线、使用的颜色可能会有绝版的情况。

A.带拉链的小手包

p.6

材料和工具

和麻纳卡 Sonomono Loop<粗>原白色(1) 120g，30cm 拉链 1 根，龙虾扣、圆环各 1 个，内袋用的布 32cm×48cm

钩针 6/0 号

成品尺寸

宽 30cm 包深 24cm

编织密度

花片一条边的长度为 7.5cm

编织要点

- ◆ 第 1 片花片锁针起针，起 17 针，参照图示钩织 8 行。注意编织方向，从第 2 片开始钩织引拔针与相邻的织片接合在一起。
- ◆ 挑取花片的针目，在两侧缝钩织 1 行短针。
- ◆ 将主体正面相对对折，钩织引拔针将侧缝接合。
- ◆ 在包口钩织 3 行短针。
- ◆ 制作内袋、流苏，参照完成图收尾。

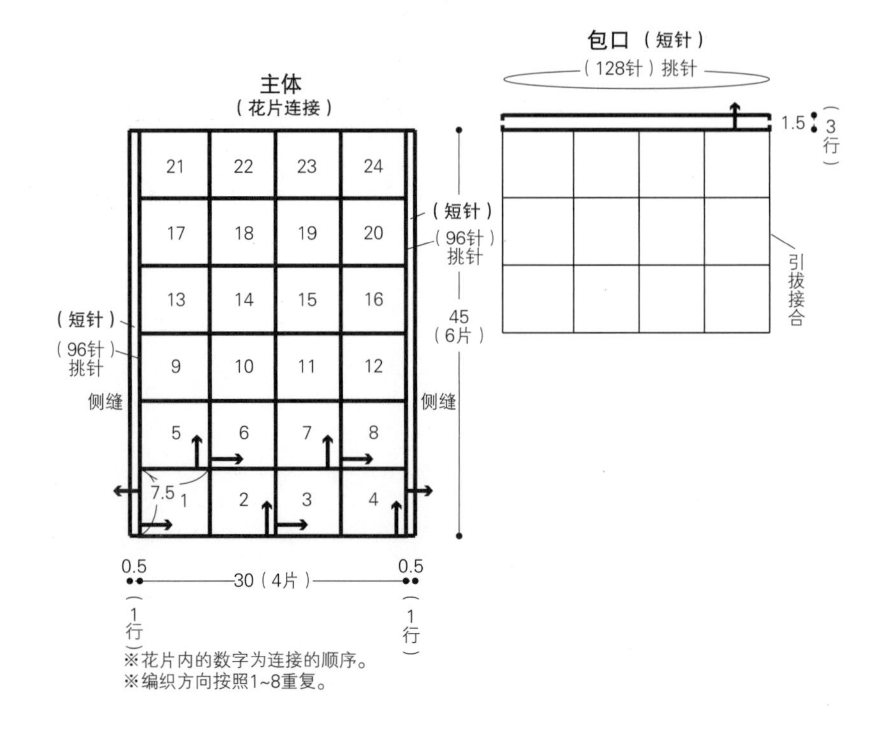

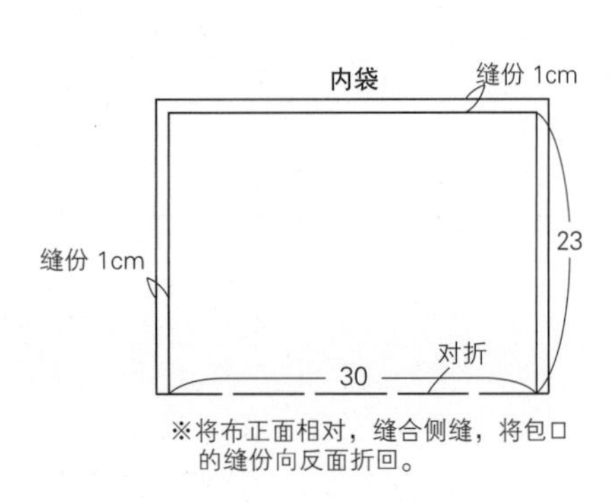

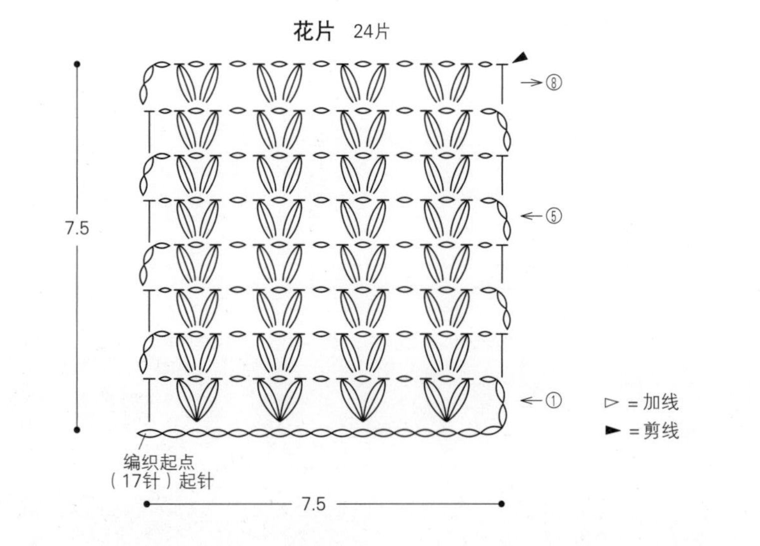

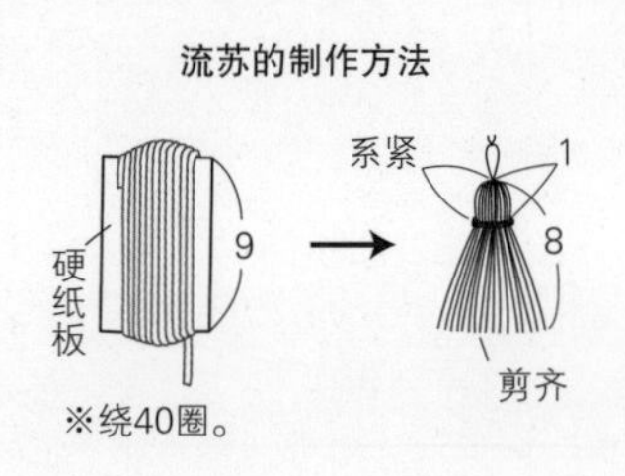

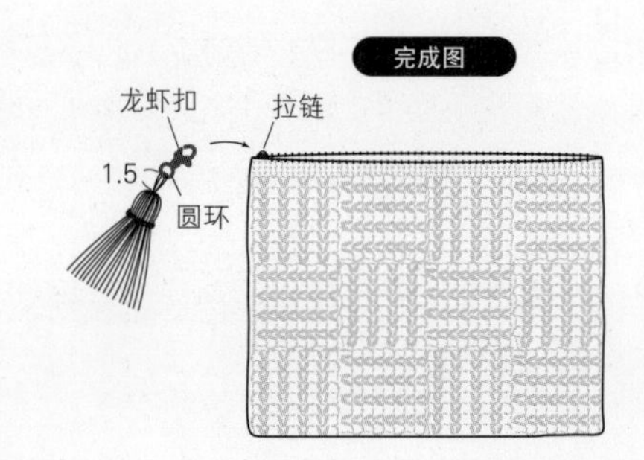

组合方法

①在主体包口的反面缝上拉链。
②制作内袋。放入主体的内侧，缝到拉链上。
③制作流苏，流苏与龙虾扣之间使用圆环连接。将龙虾扣挂在拉链上。

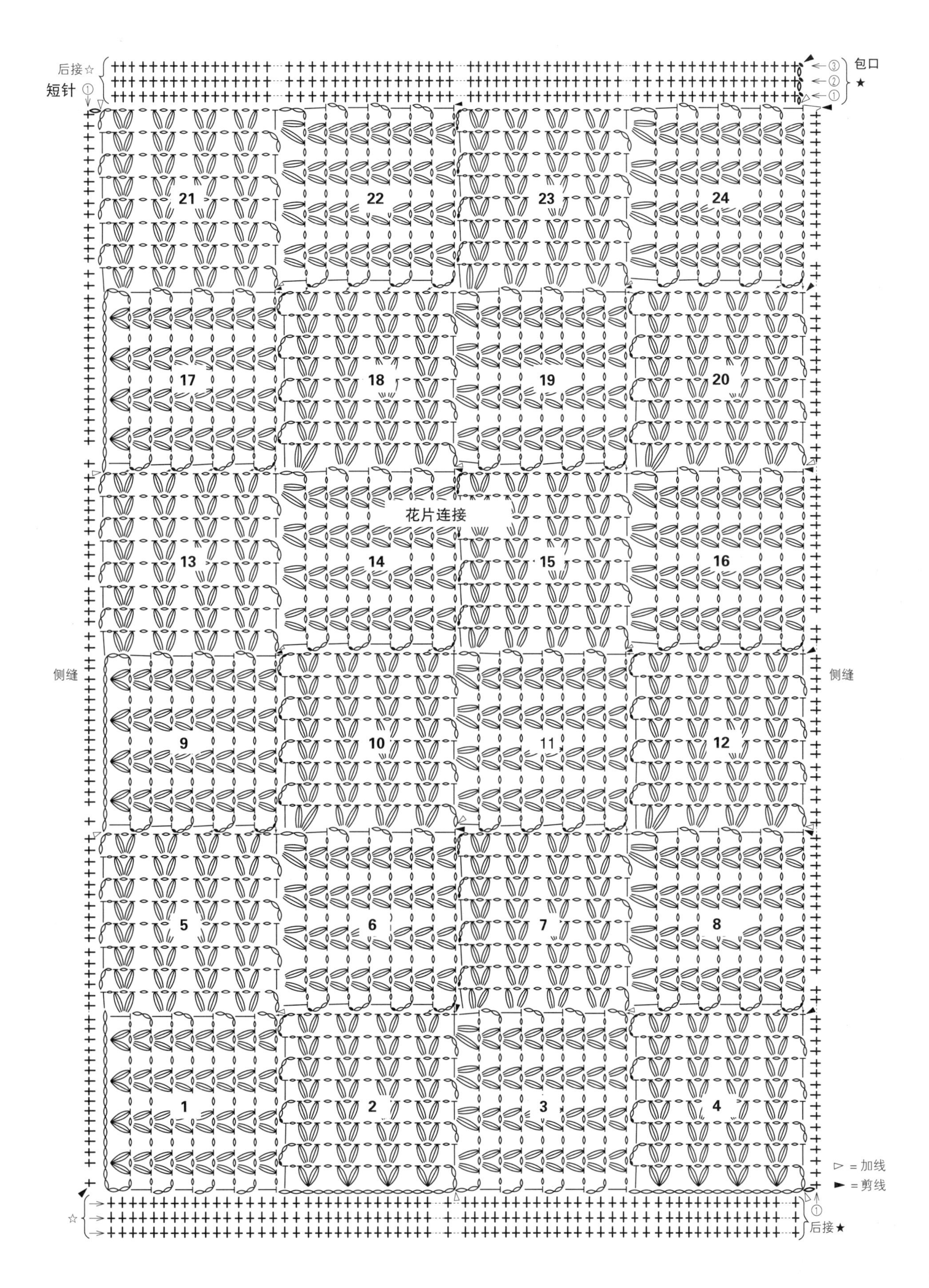
后接☆
短针 ①
③
②
①
包口
★
21
22
23
24
17
18
19
20
花片连接
13
14
15
16
侧缝
9
10
11
12
侧缝
5
6
7
8
1
2
3
4
▷ = 加线
► = 剪线
☆
①
后接★

B. 多彩围毯

p.7

材料和工具

DARUMA iroiro 红色(37)35g，蜂蜜黄色(3)、砖红色(8)、杏仁巧克力色(11)、三叶草绿色(26)、新茶色(27)、柠檬黄色(31)各25g，孔雀蓝色(16)、浅蓝色(20)、深灰色(48)、灰色(49)各20g

钩针4/0号

成品尺寸

宽78cm 长45.5cm

编织密度

花片一条边的长度为6.5cm

编织要点

◆ 第1片花片锁针起针，起17针，参照图示钩织8行。

◆ 注意配色和编织方向，从第2片开始钩织引拔针与相邻的织片接合在一起。

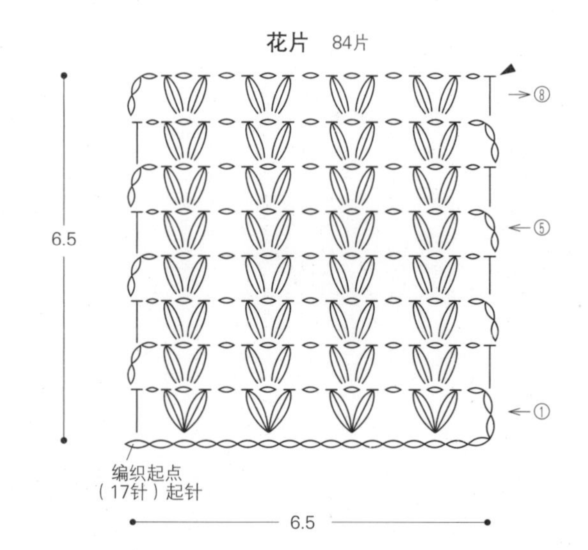

主体
(花片连接)

73 灰色	74 浅蓝色	75 红色	76 深灰色	77 孔雀蓝色	78 红色	79 灰色	80 浅蓝色	81 红色	82 深灰色	83 孔雀蓝色	84 红色
61 杏仁巧克力色	62 柠檬黄色	63 砖红色	64 杏仁巧克力色	65 柠檬黄色	66 砖红色	67 杏仁巧克力色	68 柠檬黄色	69 砖红色	70 杏仁巧克力色	71 柠檬黄色	72 砖红色
49 新茶色	50 三叶草绿色	51 蜂蜜黄色	52 新茶色	53 三叶草绿色	54 蜂蜜黄色	55 新茶色	56 三叶草绿色	57 蜂蜜黄色	58 新茶色	59 三叶草绿色	60 蜂蜜黄色
37 深灰色	38 孔雀蓝色	39 红色	40 灰色	41 浅蓝色	42 红色	43 深灰色	44 孔雀蓝色	45 红色	46 灰色	47 浅蓝色	48 红色
25 柠檬黄色	26 砖红色	27 杏仁巧克力色	28 柠檬黄色	29 砖红色	30 杏仁巧克力色	31 柠檬黄色	32 砖红色	33 杏仁巧克力色	34 柠檬黄色	35 砖红色	36 杏仁巧克力色
13 三叶草绿色	14 蜂蜜黄色	15 新茶色	16 三叶草绿色	17 蜂蜜黄色	18 新茶色	19 三叶草绿色	20 蜂蜜黄色	21 新茶色	22 三叶草绿色	23 蜂蜜黄色	24 新茶色
6.5 1 灰色	2 浅蓝色	3 红色	4 深灰色	5 孔雀蓝色	6 红色	7 灰色	8 浅蓝色	9 红色	10 深灰色	11 孔雀蓝色	12 红色

45.5(7片)

78(12片)

※花片内的数字为连接的顺序。
※编织方向按照1和2、13和14重复。

花片的片数

颜色	片数
孔雀蓝色	6
浅蓝色	
深灰色	
灰色	
蜂蜜黄色	8
砖红色	
杏仁巧克力色	
三叶草绿色	
新茶色	
柠檬黄色	
红色	12

花片连接

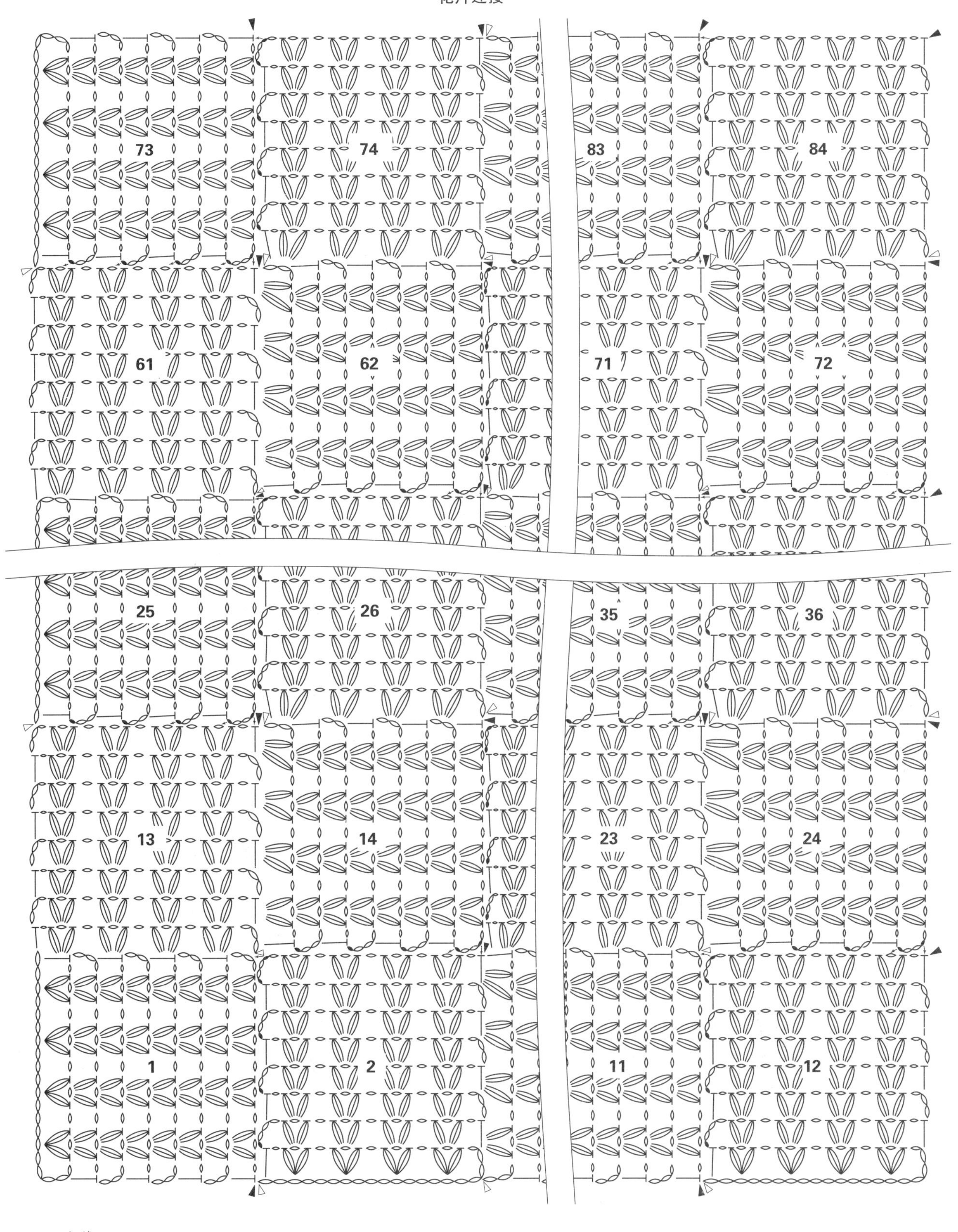

▷ =加线
► =剪线

C. 清爽的祖母包
p.8

材料和工具

DARUMA GIMA芥末黄色（4）185g，米色（6）50g

钩针8/0、7/0号

成品尺寸

宽48cm 包深27cm（提手除外）

编织密度

10cm×10cm面积内：

条纹花样 16 针，6 行

编织要点

◆ 主体锁针起 78 针，钩织第 1 行。替换配色的同时，参照图示钩织至第 24 行。随后挑取 24 针，钩织 10 行短针。在编织起点端也使用同样的方法钩织 10 行。

◆ 提手参照图示钩织 6 行短针。在提手的外侧和内侧的指定处钩织引拔针。

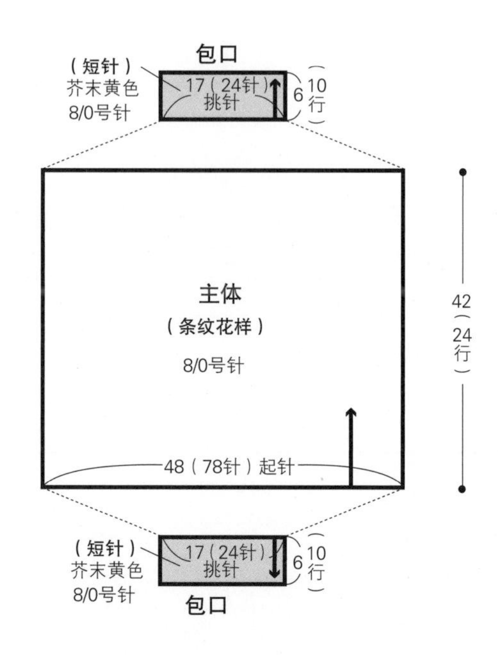

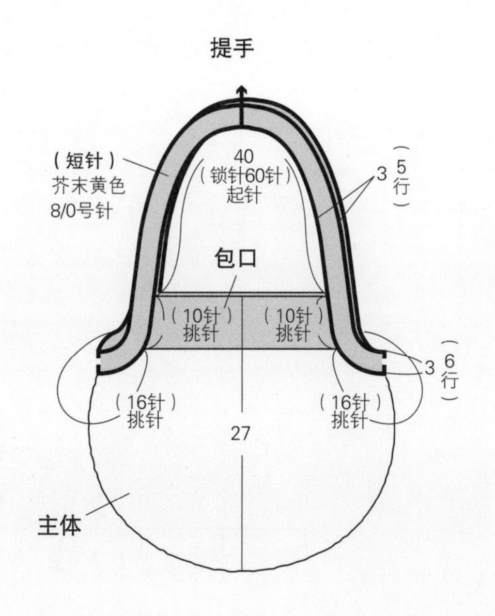

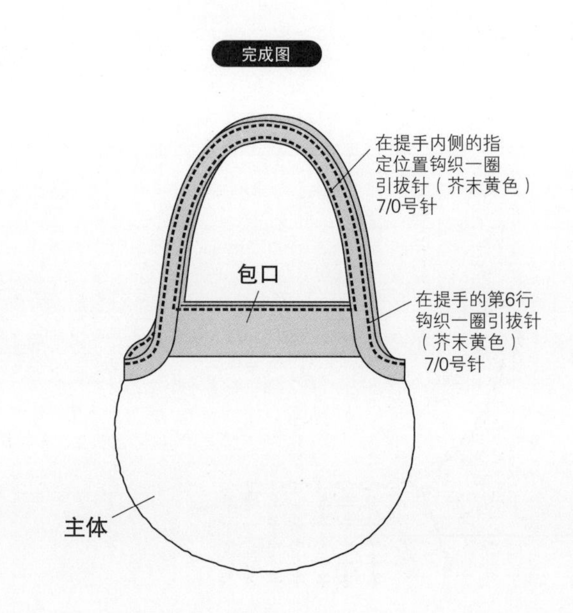

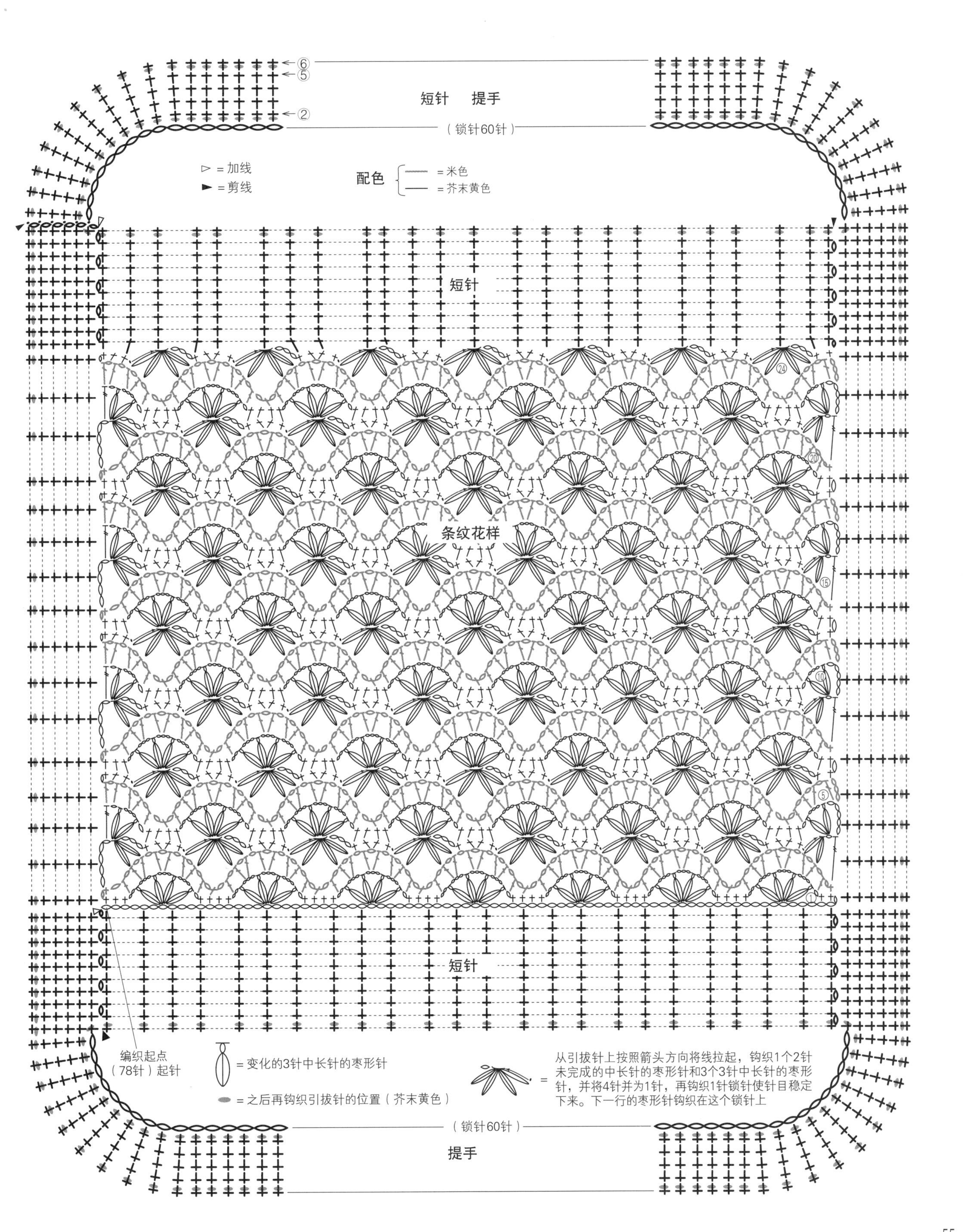
⑥
⑤
短针　提手
②
（锁针60针）
▷ = 加线
▶ = 剪线
配色
= 米色
= 芥末黄色
短针
㉔
⑳
条纹花样
⑮
⑩
⑤
①
短针
编织起点
（78针）起针
= 变化的3针中长针的枣形针
= 之后再钩织引拔针的位置（芥末黄色）
= 从引拔针上按照箭头方向将线拉起，钩织1个2针未完成的中长针的枣形针和3个3针中长针的枣形针，并将4针并为1针，再钩织1针锁针使针目稳定下来。下一行的枣形针钩织在这个锁针上
（锁针60针）
提手

D. 三角形披肩

p.9

材料和工具

DARUMA Soft Lambs Sport 橙色(26)70g，红色(35)60g，粉色(31)45g

钩针 6/0 号

成品尺寸

宽 110cm 高 65cm

编织密度

10cm×10cm面积内：

条纹花样 1.65 个花样，9 行

编织要点

◆ 主体锁针起针，起 11 针，钩织第 1 行。替换配色的同时参照图示，在两端一边加针一边钩织至第 54 行。随后钩织 1 行边缘编织。

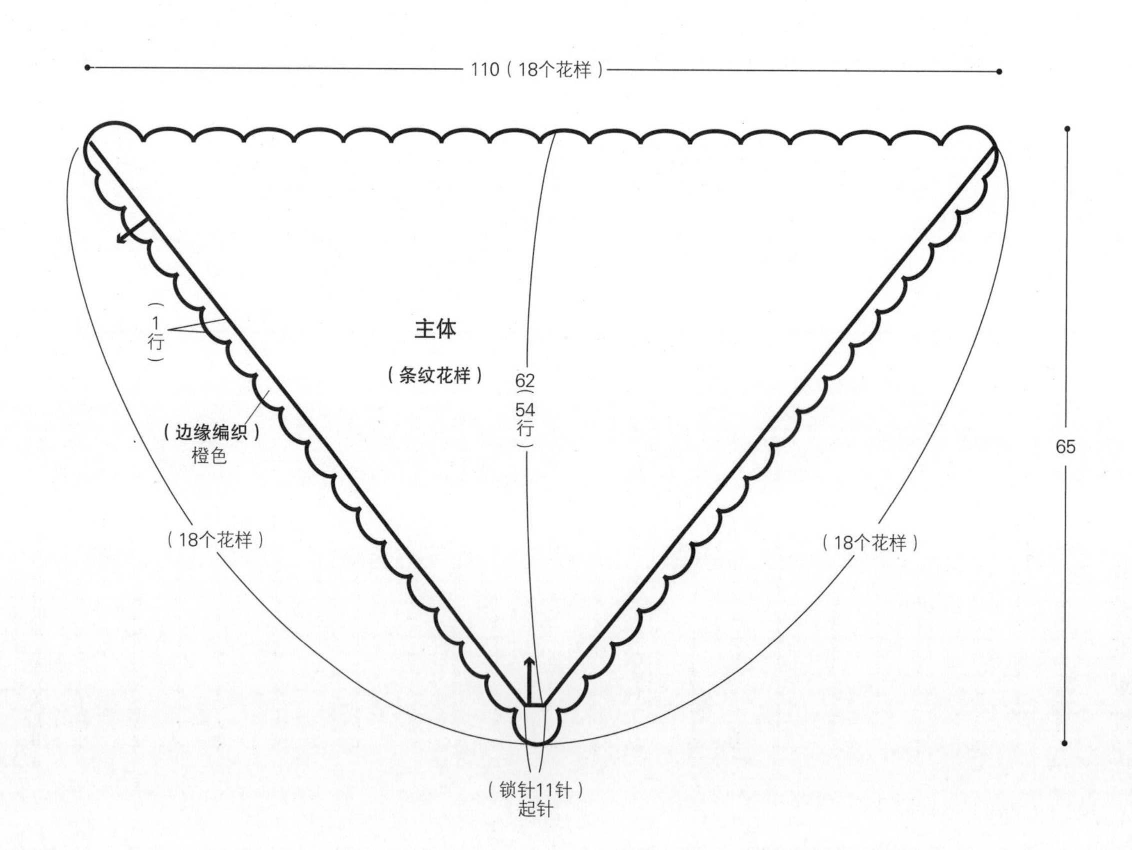

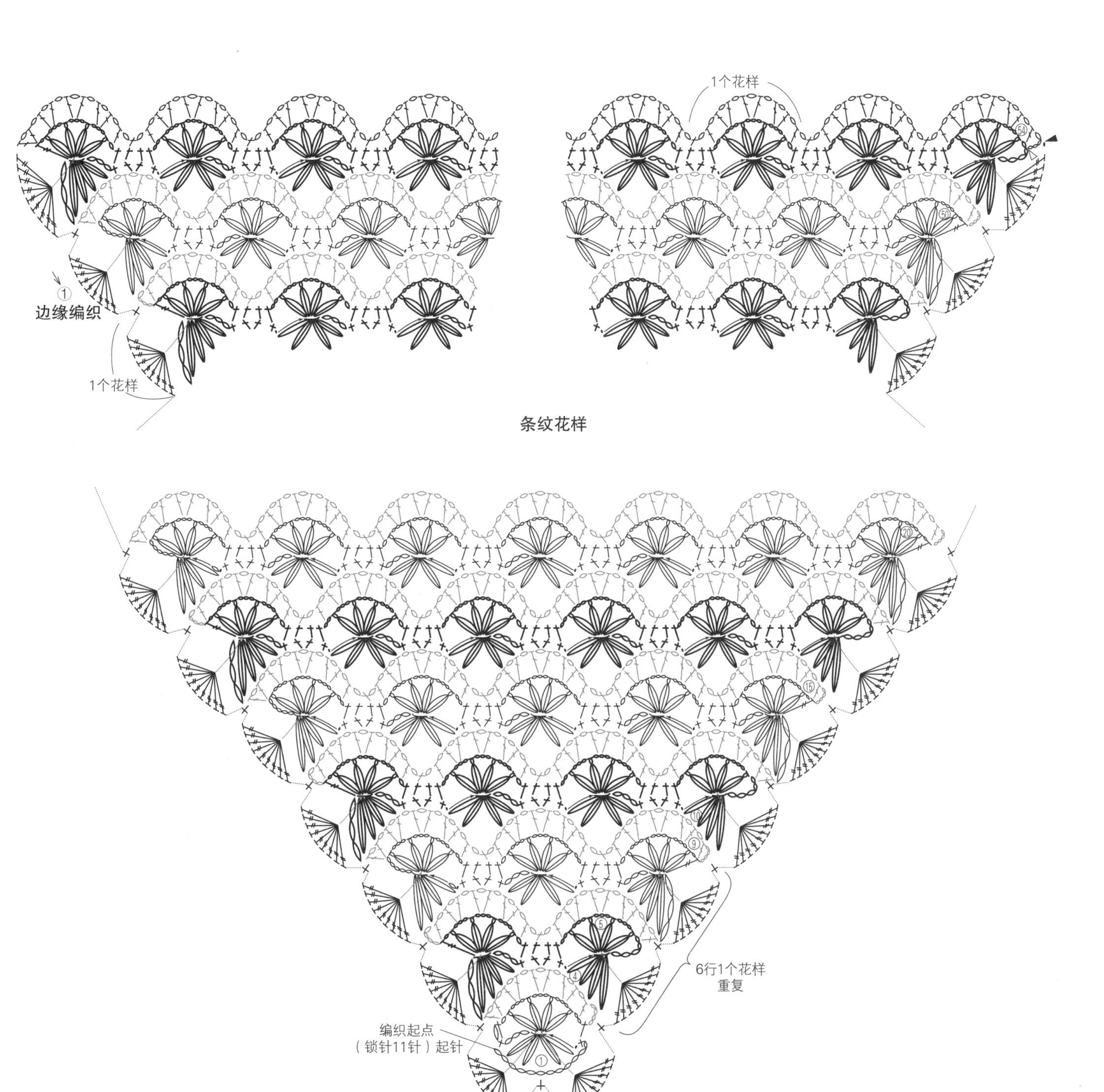

▷ = 加线

► = 剪线

= 变化的3针中长针的枣形针

= 从引拔针上按照箭头方向将线拉起，钩织1个2针未完成的中长针的枣形针和3个3针中长针的枣形针，并将4针并为1针，再钩织1个锁针使针目稳定下来。下一行的枣形针钩织在这个锁针上

配色
- —— = 红色
- —— = 粉色
- —— = 橙色

边缘编织的挑针位置

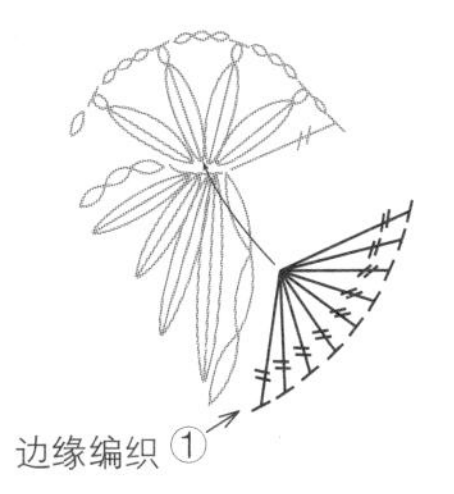

E. 复古风茶壶套
p.10

材料和工具

DARUMA Airy Wool Alpaca原白色（1）80g
钩针7/0号

成品尺寸

底部周长 50cm 高 21cm(不含小球球)

编织密度

10cm×10cm面积内:
编织花样 19.5 针，22 行

编织要点

◆ 主体锁针起针，起 49 针，挑取里山，钩织编织花样，钩织至第 46 行为止。钩织 2 片相同的织片。
◆ 将 2 片织片正面相对，除开口以外(左右两边的位置和行数不同，请注意)钩织引拔针接合在一起。
◆ 编织终点在减针的同时环形钩织短针，将线穿入剩余的 12 针中，收紧。
◆ 制作小球球，缝到指定的位置。

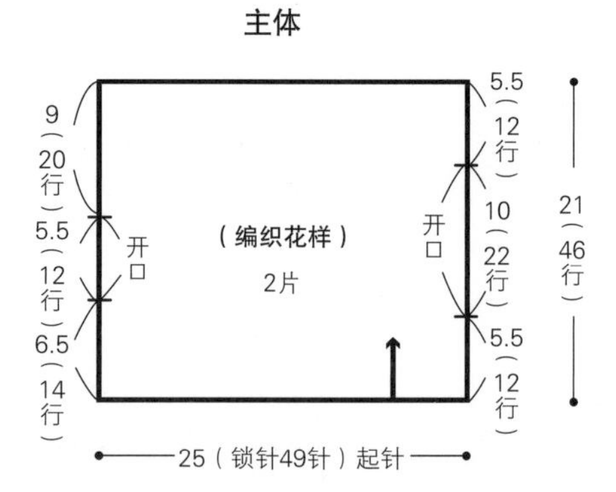

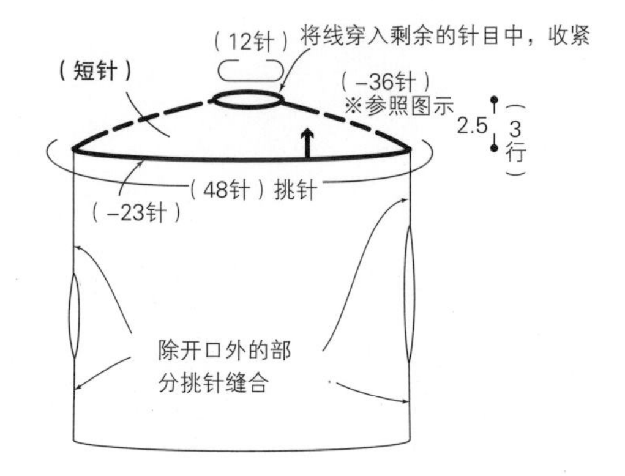

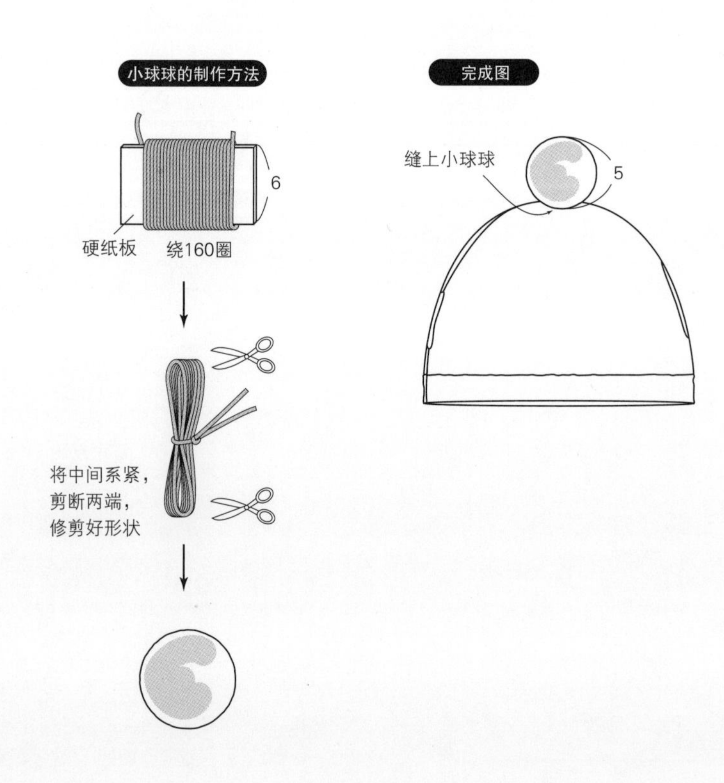

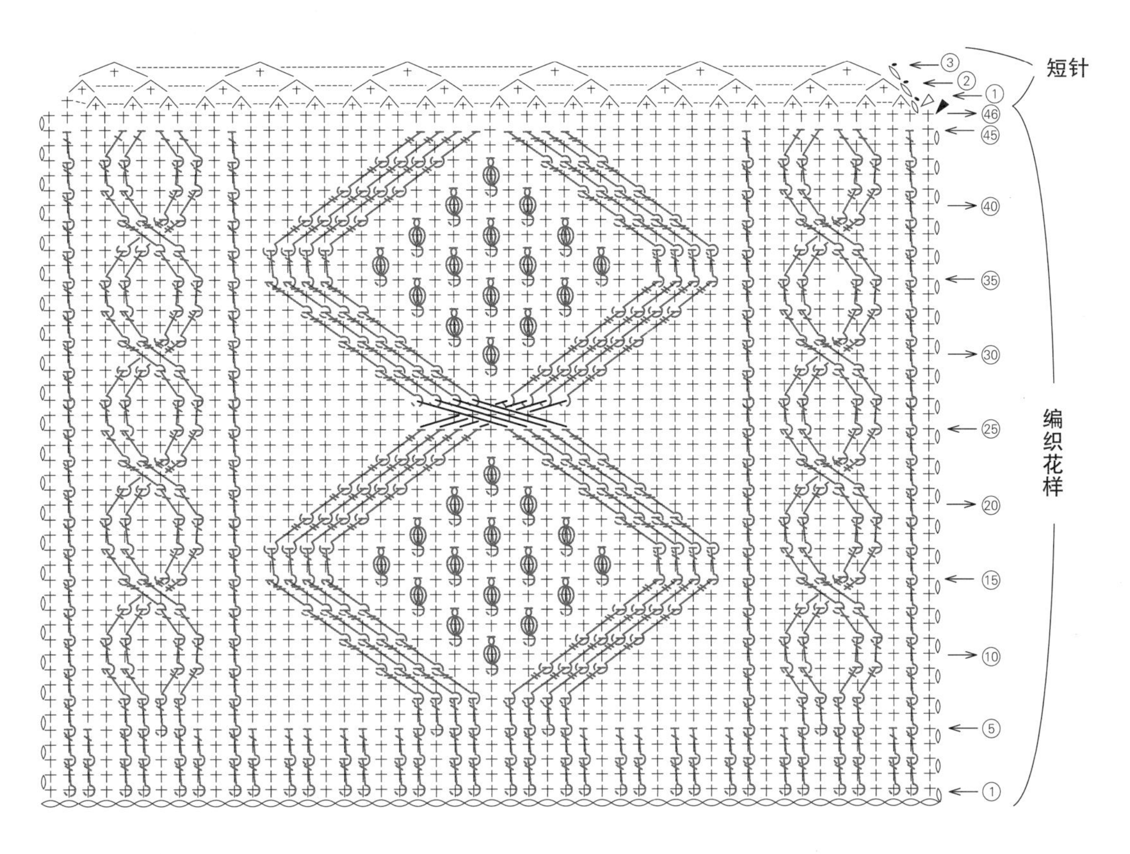

=3卷长针的正拉针的右上4针交叉（中央1针短针）

=变化的5针中长针的枣形针的正拉针

▷ = 加线

► = 剪线

F. 方形手拎包

p.11

材料和工具

DARUMA Falkland Wool 原白色（1）455g，内袋用布42cm×78cm，底板33cm×6.5cm1片

钩针8/0号

成品尺寸

宽33cm 侧片6.5cm 包深31cm（不含提手）

编织密度

10cm×10cm面积内：

编织花样 A、B、C 均为 18.5 针，18 行

编织要点

◆ 侧片锁针起针，起 59 针，挑取里山，钩织编织花样 A。第 13 行接着底部的起针继续钩织，底部、侧面钩织编织花样 A~C。钩织 60 行后将线剪断，重新加线后，另一侧的侧片和侧面也按照同样的方法钩织。

◆ 提手锁针起针起 72 针，钩织短针。钩织 2 片相同的织片。

◆ 参照内袋的制作方法制作内袋。

◆ 参照完成图收尾。

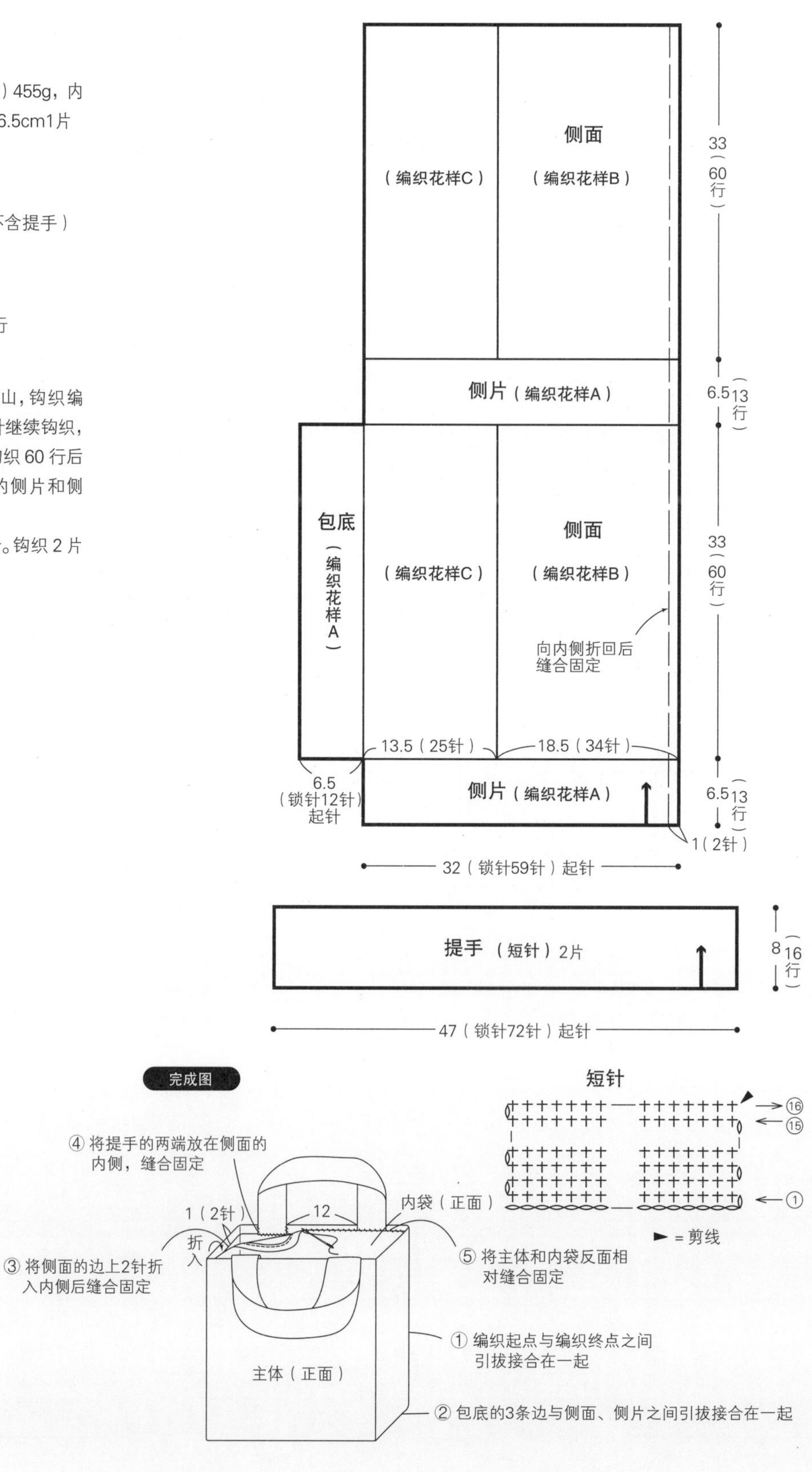

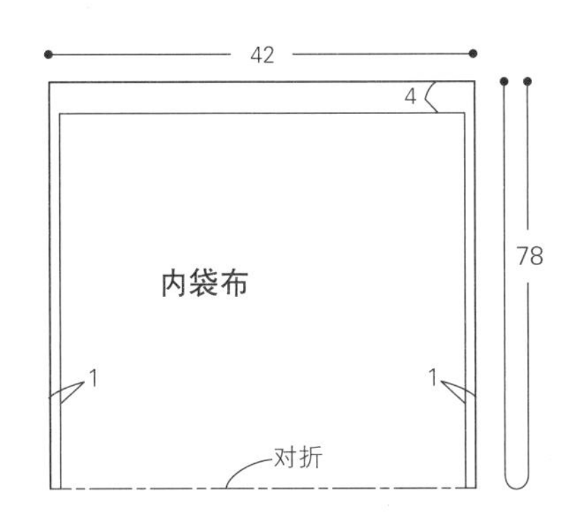
42
4
78
内袋布
1
1
对折

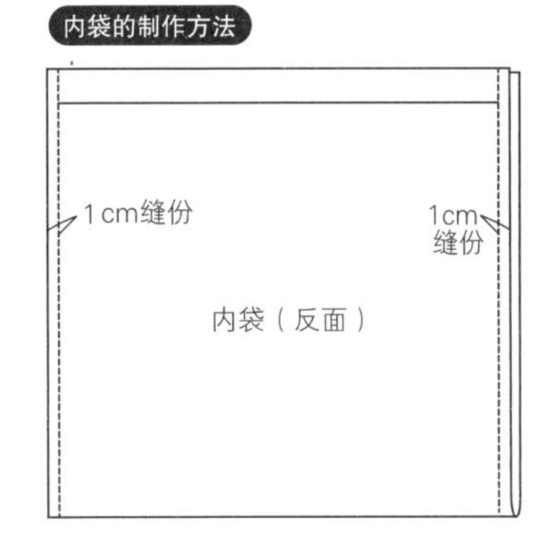
内袋的制作方法
1cm缝份
1cm
缝份
内袋（反面）

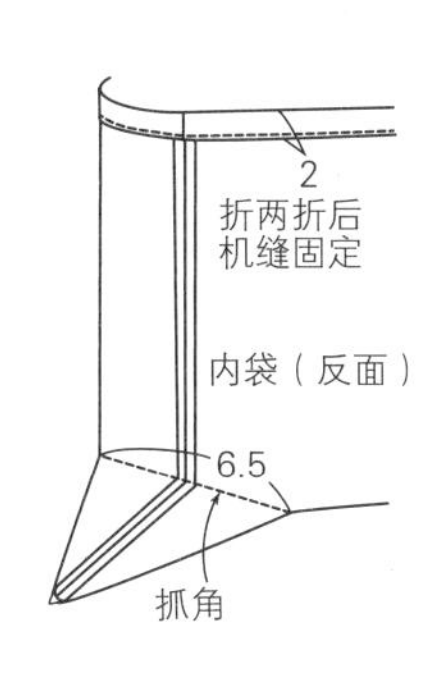
2
折两折后
机缝固定
内袋（反面）
6.5
抓角

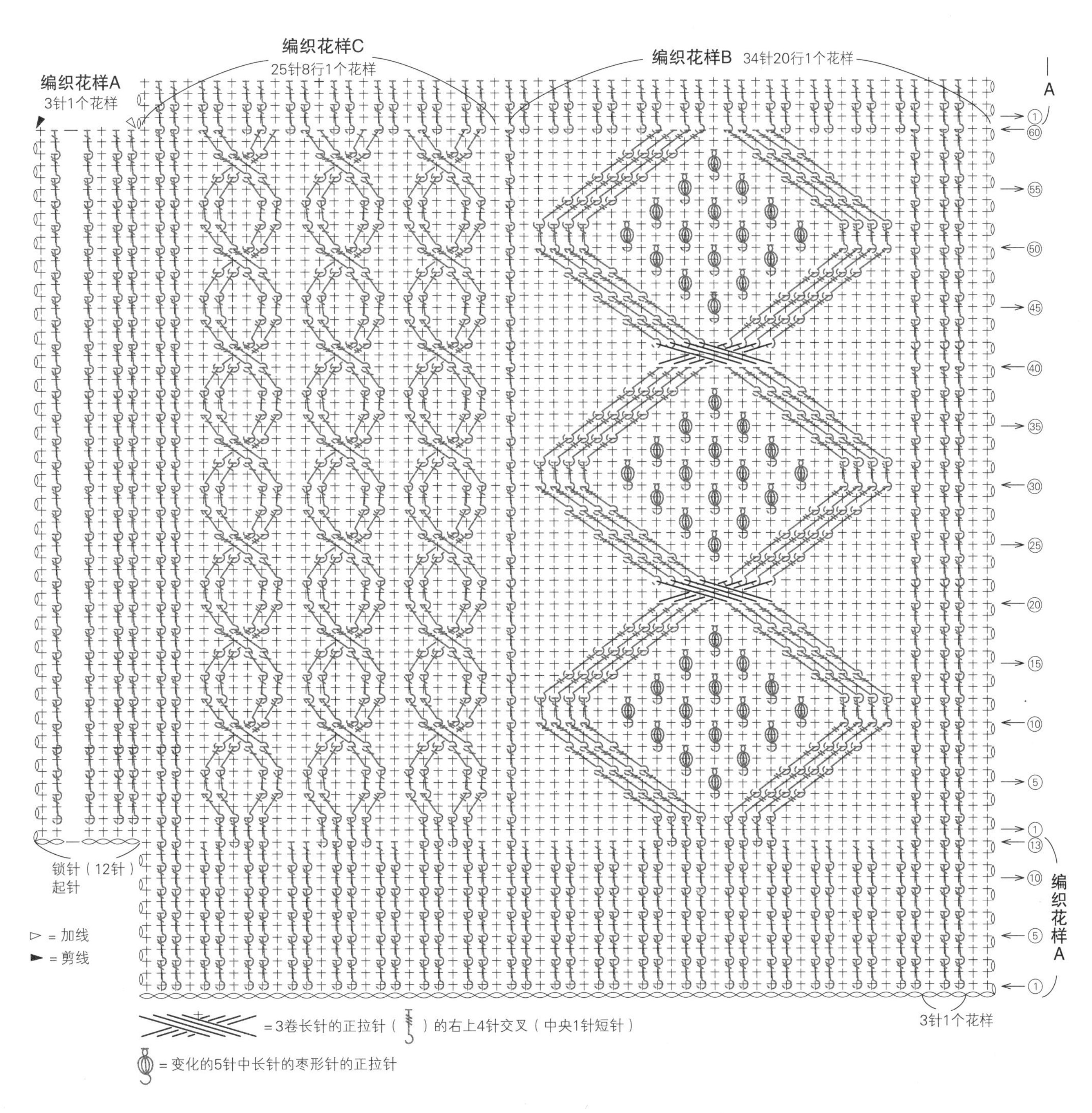
编织花样C
25针8行1个花样
编织花样B 34针20行1个花样
编织花样A
3针1个花样
A
锁针（12针）
起针
▷ = 加线
▶ = 剪线
编织花样A
3针1个花样
=3卷长针的正拉针（ ）的右上4针交叉（中央1针短针）
= 变化的5针中长针的枣形针的正拉针

6. 装饰领

p.13

材料和工具

线 DARUMA Airy Wool Alpaca 米色（2）40g

钩针 6/0、7/0 号

成品尺寸

颈围 37cm 宽 16cm

编织密度

编织花样的 1 个花样为 2cm（编织起点端）、1 个花样为 3.5cm（编织终点端），10cm 为 7.5 行

编织要点

◆ 锁针起针开始钩织，参照图示钩织编织花样（梭织贝壳针 / 编织方法参见第 12 页）钩织的同时，通过分散加针调整编织密度。

◆ 在 3 条边上钩织 1 行边缘编织。

◆ 细绳钩织罗纹绳，穿到指定的位置，并在两端打单结。

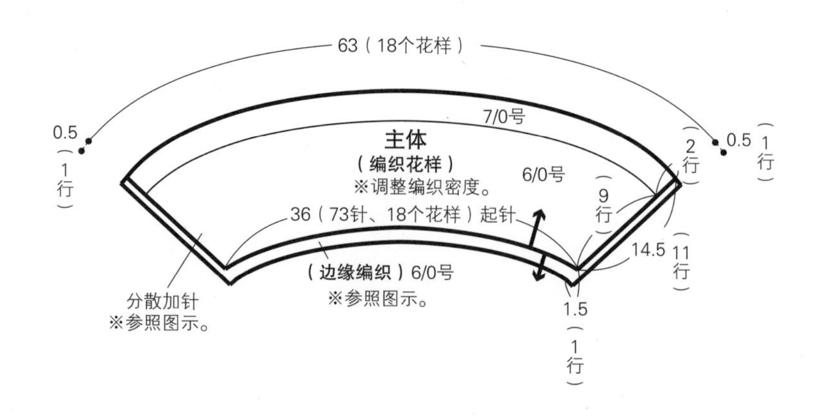

细绳 （罗纹绳）

6/0号针

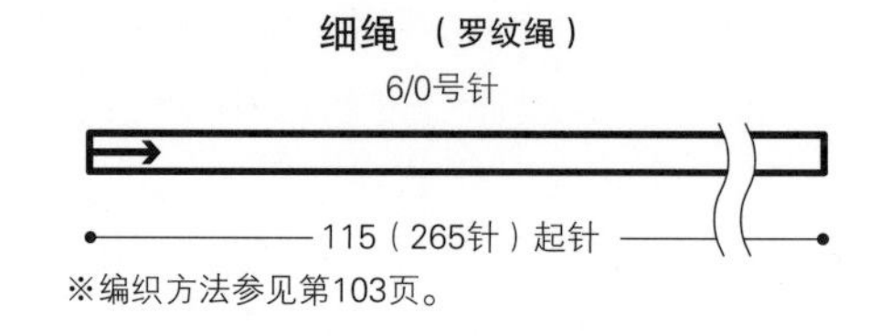

※编织方法参见第103页。

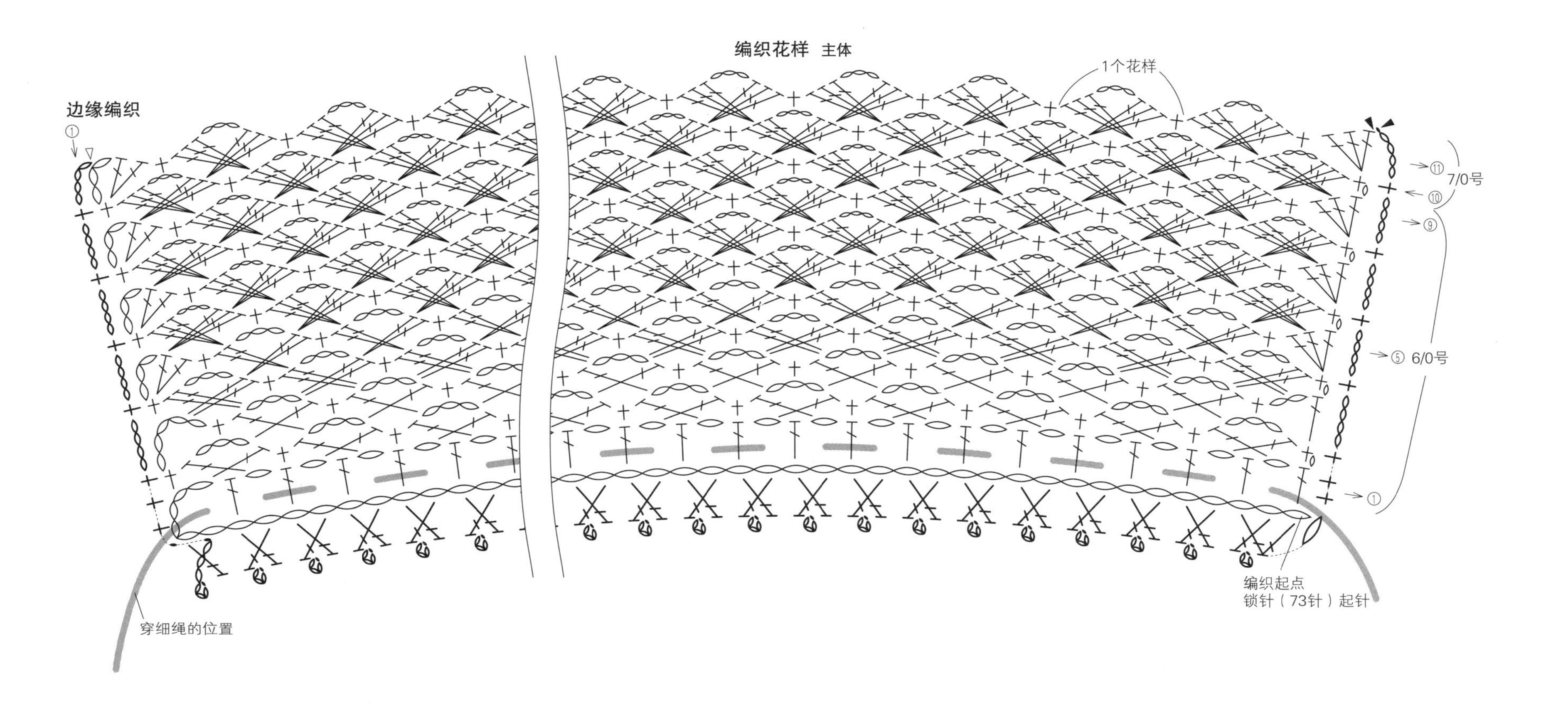
编织花样 主体
边缘编织
1个花样
①
⑪
⑩
7/0号
⑨
⑤ 6/0号
①
编织起点
锁针（73针）起针
穿细绳的位置

H.菱形华夫格手提包

p.16

材料和工具

和麻纳卡 Men's Club Master 原白色(1)160g，蓝绿色(70)70g

钩针 7/0 号

成品尺寸

宽 32cm 包深 19.5cm(不含提手)

编织密度

10cm×10cm面积内：

编织花样 17 针，12.5 行

编织要点

- ◆ 包底使用原白色线环形起针，钩织短针的同时加针，共钩织 18 行。
- ◆ 主体接着包底，使用配色线的同时钩织编织花样(菱形华夫格针/编织方法参见第 15 页)，共钩织 22 行。
- ◆ 边缘编织是 1 行短针和 1 行引拔针。
- ◆ 提手使用原白色线钩织 7 行短针。反面相对对折，钩织引拔针接合在一起。将提手缝到主体的内侧，收尾。

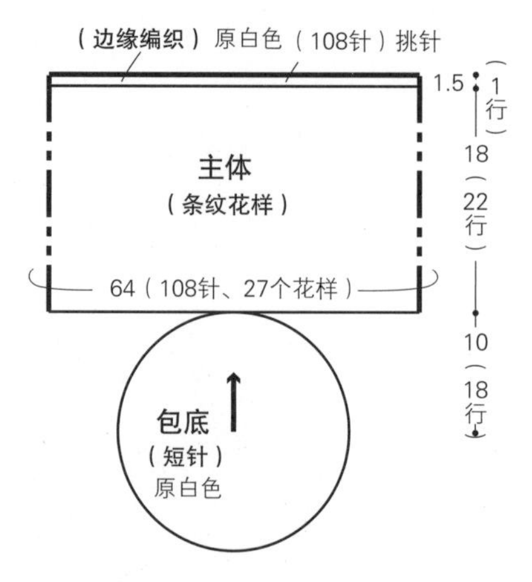

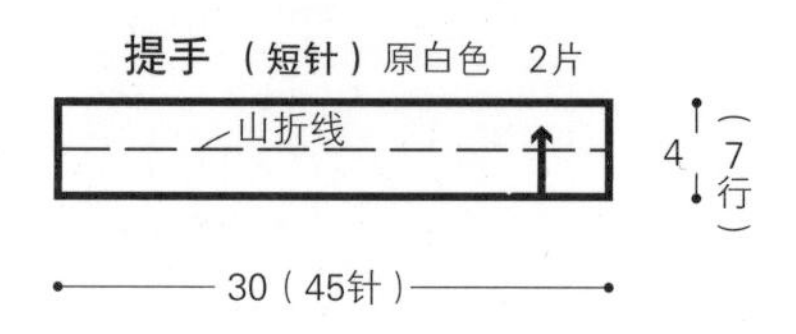

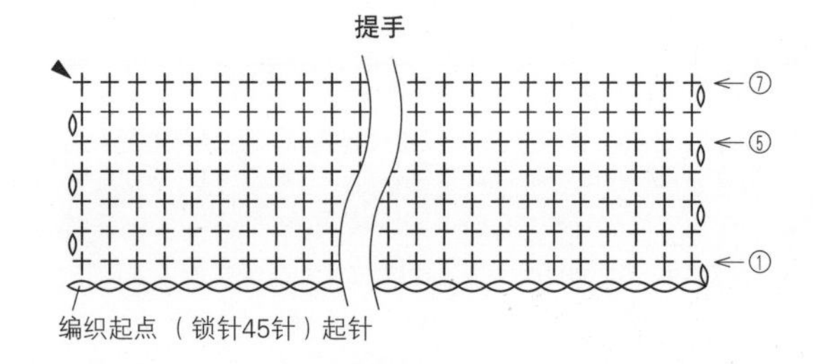

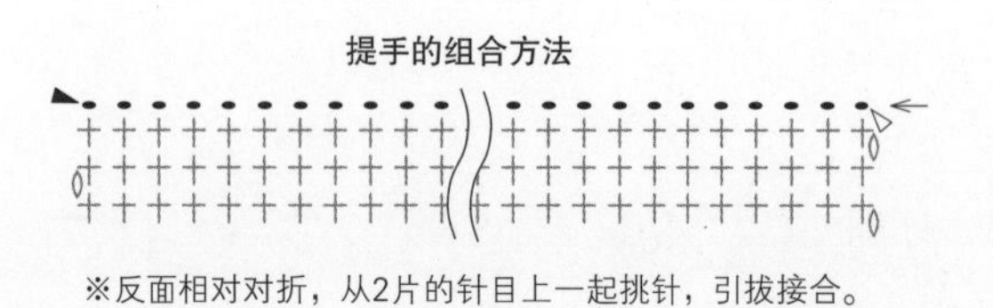

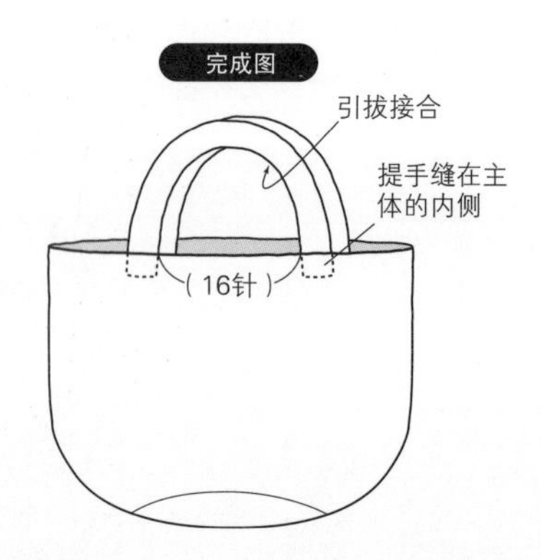

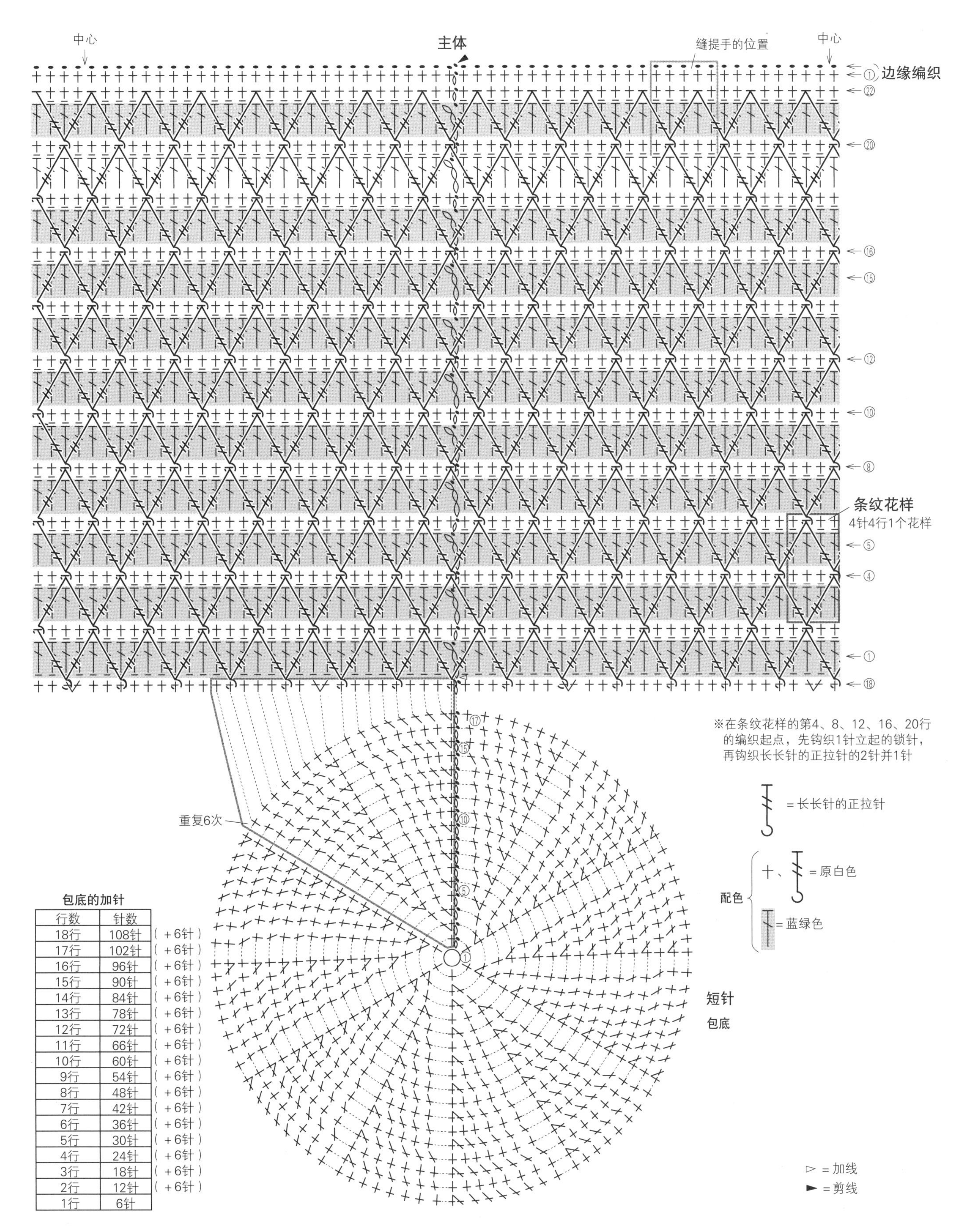

包底的加针

行数	针数	
18行	108针	（+6针）
17行	102针	（+6针）
16行	96针	（+6针）
15行	90针	（+6针）
14行	84针	（+6针）
13行	78针	（+6针）
12行	72针	（+6针）
11行	66针	（+6针）
10行	60针	（+6针）
9行	54针	（+6针）
8行	48针	（+6针）
7行	42针	（+6针）
6行	36针	（+6针）
5行	30针	（+6针）
4行	24针	（+6针）
3行	18针	（+6针）
2行	12针	（+6针）
1行	6针	

1. 方形华夫格迷你包

p.17

材料和工具

和麻纳卡 Men’s Club Master 浅茶色(27)65g，
直径 2cm 的纽扣 1 颗
钩针 7/0 号

成品尺寸

宽 15cm 包深 12cm 侧片 4cm

编织密度

10cm×10cm面积内：
编织花样A 19.5针，10行；编织花样B 16.5针，15行

编织要点

- ◆ 侧面锁针起针，钩织 11 行编织花样 A。
- ◆ 从一个侧面的 3 条边上挑取针目钩织 3 个侧片，钩织3行编织花样B。钩织2片相同的侧片。
- ◆ 将另一侧面和 3 个侧片用卷针缝缝合在一起。包口钩织 1 行短针。
- ◆ 纽襻锁针起针，参照图示钩织，缝到侧面的指定位置。缝上纽扣，收尾。

侧面
（编织花样A）
2片
11（11行）
15（29针）起针

侧片
（编织花样B）2片
2（3行）
（18针）挑针
（18针）挑针
（29针）挑针

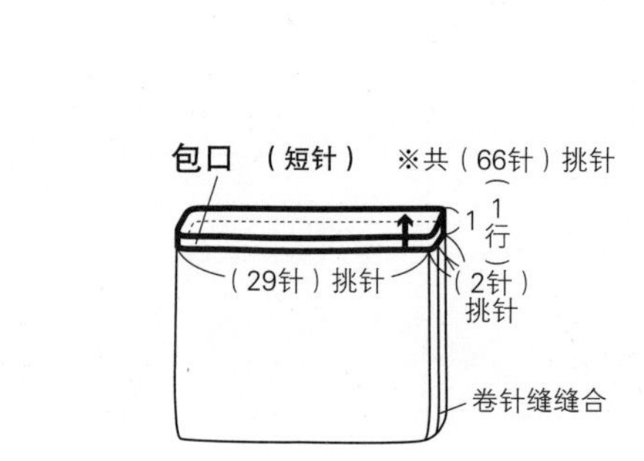

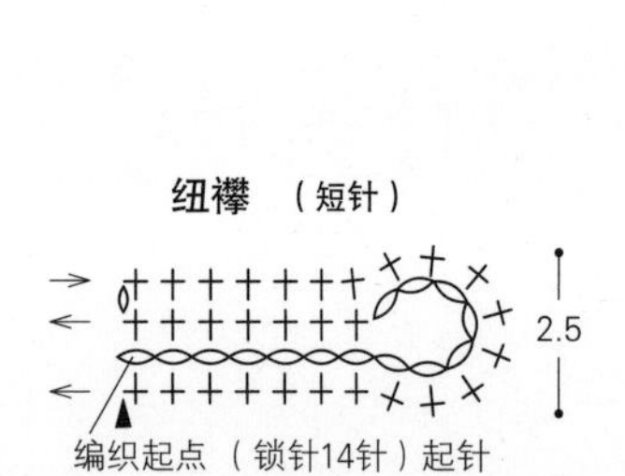

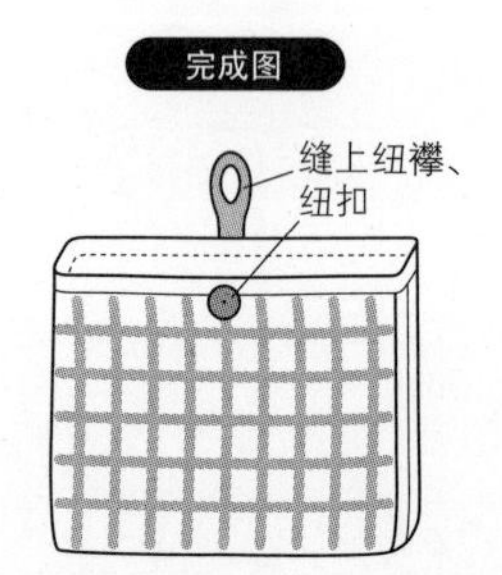

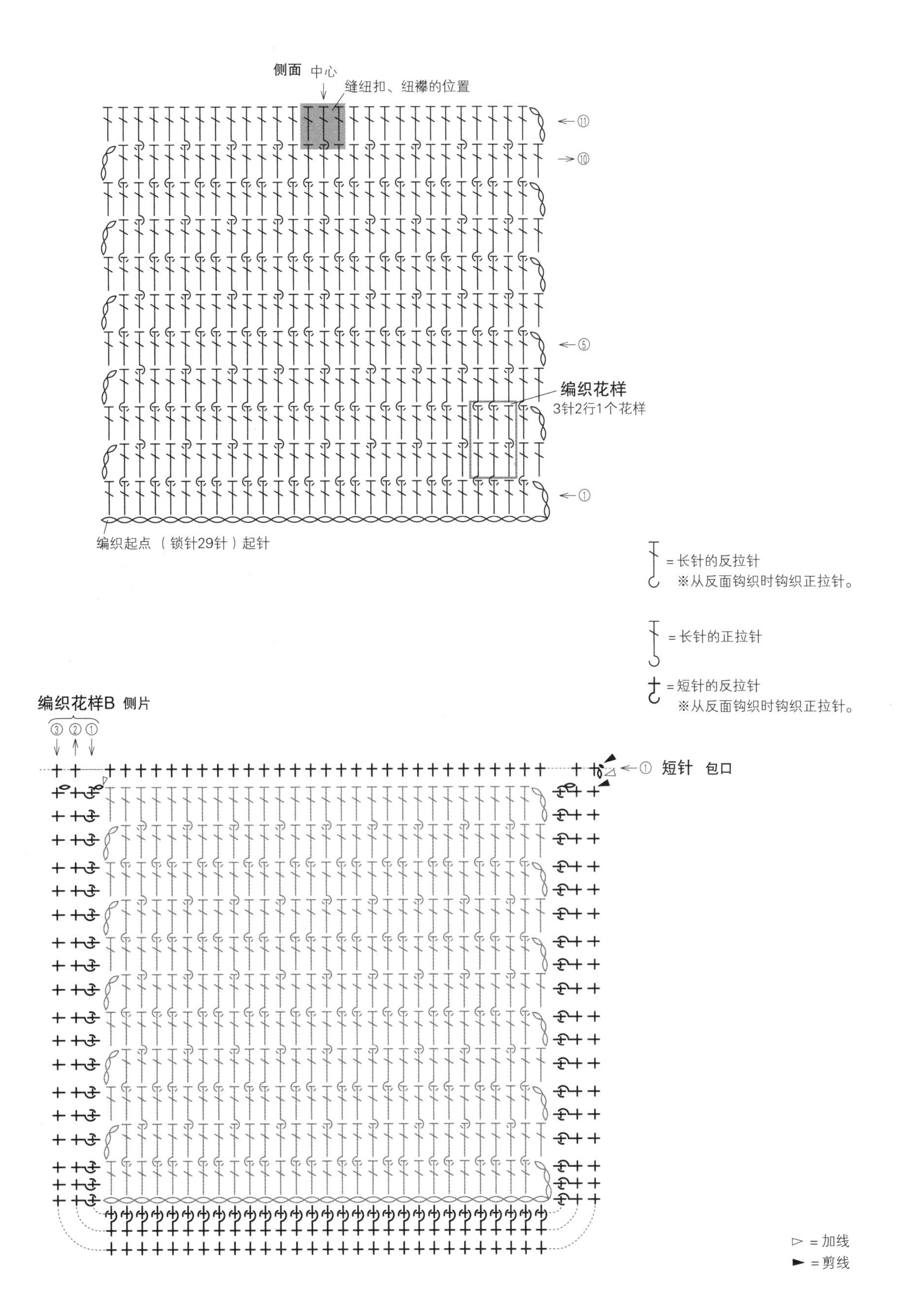
侧面 中心
缝纽扣、纽襻的位置
⑪
⑩
⑤
编织花样
3针2行1个花样
①
编织起点（锁针29针）起针
= 长针的反拉针
※从反面钩织时钩织正拉针。
= 长针的正拉针
= 短针的反拉针
※从反面钩织时钩织正拉针。
编织花样B 侧片
③ ② ①
① 短针 包口
▷ = 加线
► = 剪线

J. 锅柄隔热垫

p.20

材料和工具

a 原白色+蓝色：DARUMA iroiro蘑菇白色（2）25g，浅蓝色（20）15g

钩针4/0号

b 黄色＋灰色：DARUMA iroiro 柠檬黄色（31）25g，灰色(49)15g

钩针 4/0 号

c 黄绿色：DARUMA iroiro开心果绿色（28）40g

钩针 3/0 号

成品尺寸

a、b　长 18cm　宽 18cm(不含挂环)

c　长 16.5cm　宽 16.5cm(不含挂环)

编织密度

花片一条边的长度　a、b　18cm

c　16.5cm

编织要点

◆ 主体锁针起针，起 5 针。参照图示钩织编织花样 8 行(巴伐利亚钩编/编织方法参见第 18 页)。钩织 2 片相同的织片。

◆ a 、b 在换配色线时，将线剪断后再换线。

◆ 将主体反面相对，钩织引拔针将四周接合在一起。

◆ 在编织终点，继续钩织 12 针，制作挂环。

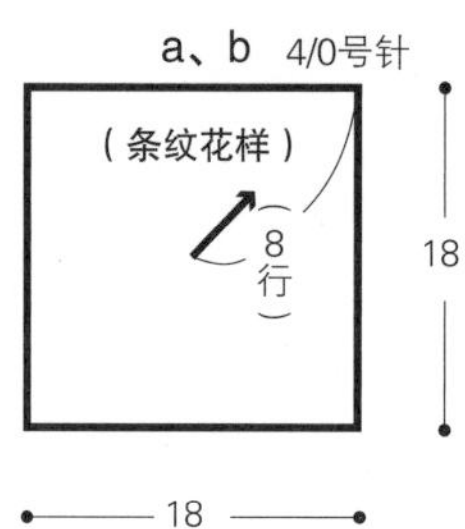

条纹花样的配色

	a	b
第8行	蘑菇白色	柠檬黄色
第7行	蘑菇白色	柠檬黄色
第6行	浅蓝色	灰色
第5行	蘑菇白色	灰色
第4行	浅蓝色	柠檬黄色
第3行	蘑菇白色	柠檬黄色
第2行	浅蓝色	灰色
第1行	蘑菇白色	灰色

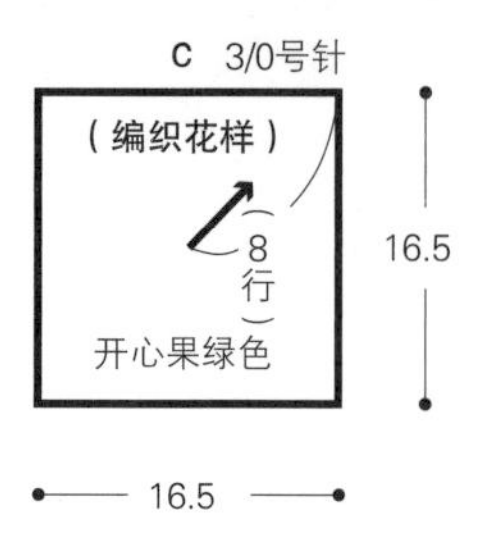

※ a、b、c各钩织2片。

条纹花样

▷ ＝加线

► ＝剪线

※ a是第1行到第6行的每一行在开始时加线结束时剪线。

※ c是在第2、4、6行的编织终点不将线剪断，钩织引拔针到达下一行的编织起点处。

组合方法

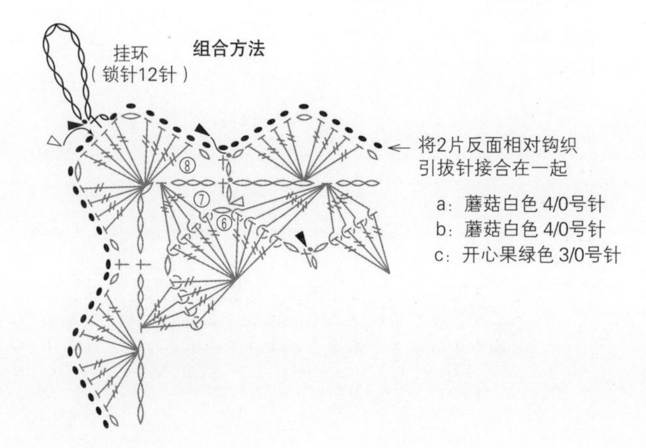

K.黑白配色手提包

p.21

材料和工具

DARUMA Airy Wool Alpaca 米色(2)85g，黑色(9)55g，按扣(边长为3cm的正方形)1组，内袋用布49cm×49cm

钩针6/0号

成品尺寸

宽约40cm　包深25cm

编织密度

花片一条边的长度为46cm

编织要点

- ◆ 主体锁针起针，起5针，参照图示钩织编织花样(巴伐利亚钩编/编织方法参见第18页)17行。随后钩织1行短针调整好形状。
- ◆ 参照内袋的制作方法制作内袋，内袋与主体反面相对，缝合在主体最后一行短针的根部。
- ◆ 包口参照图示，减针的同时钩织4行短针，在最后一行上钩织1行引拔针调整好形状。
- ◆ 侧片从主体上挑取指定数量的针目，随后钩织提手的起针的锁针。另一侧的侧片和提手也使用同样的方法钩织，连接成环形钩织。再钩织7行短针后，钩织1行引拔针。在提手起针的部分也钩织1行引拔针调整好形状。
- ◆ 在里面缝上按扣。

※ 全部使用6/0号针钩织。

※ 除指定以外均用米色线钩织。

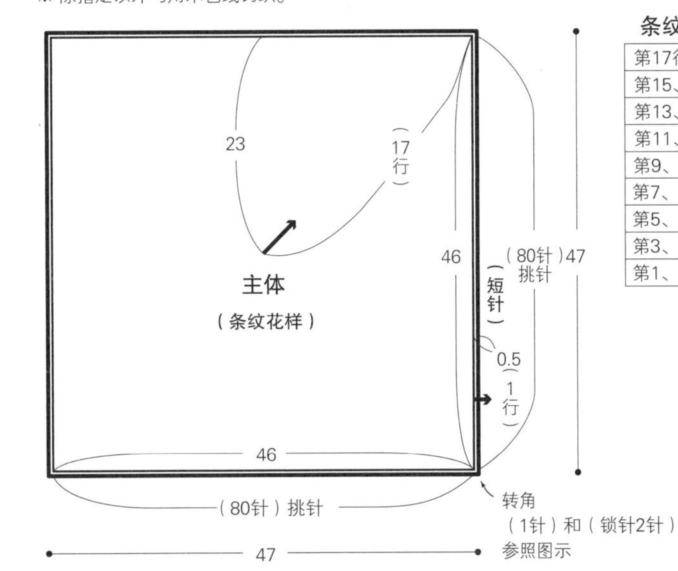

条纹花样的配色

行	颜色
第17行	米色
第15、16行	黑色
第13、14行	米色
第11、12行	黑色
第9、10行	米色
第7、8行	黑色
第5、6行	米色
第3、4行	黑色
第1、2行	米色

内袋的制作方法

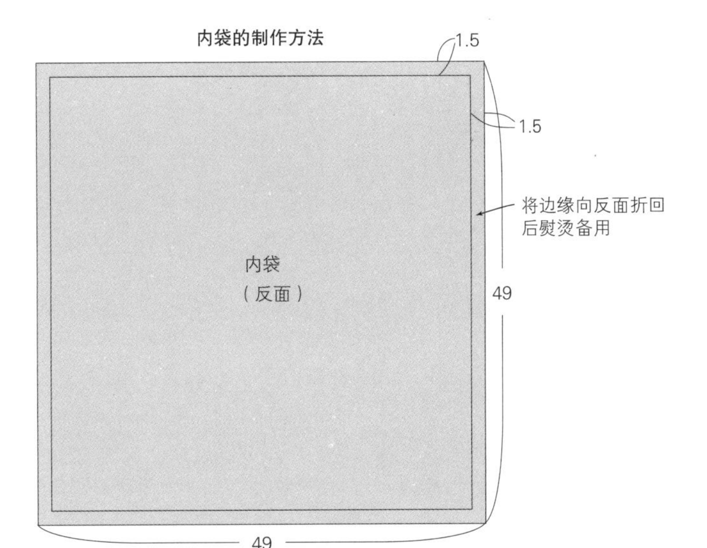

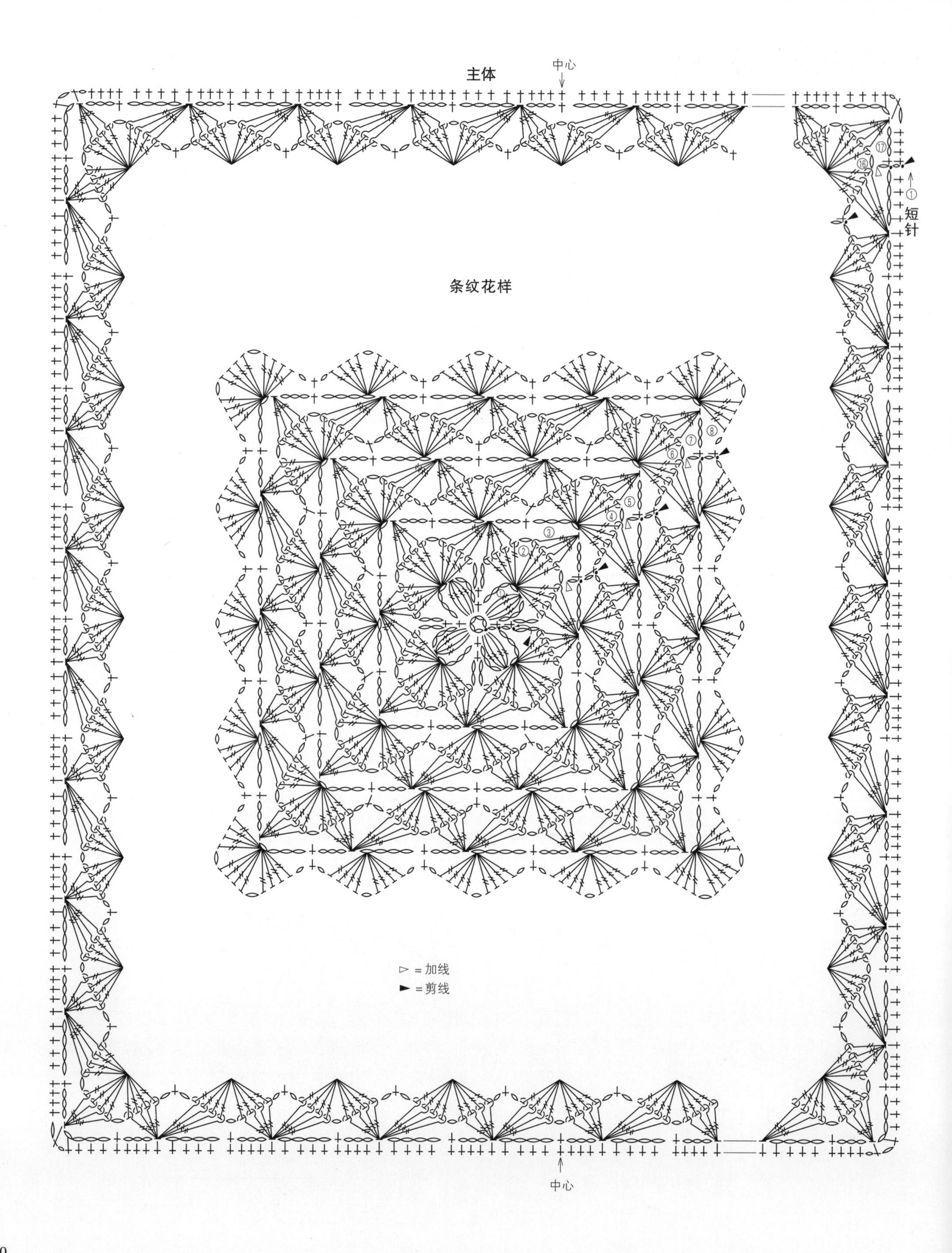
主体
中心
①
短针
条纹花样
②
③
④
⑤
⑥
⑦
⑧
⑯
⑰
▷ = 加线
► = 剪线
中心

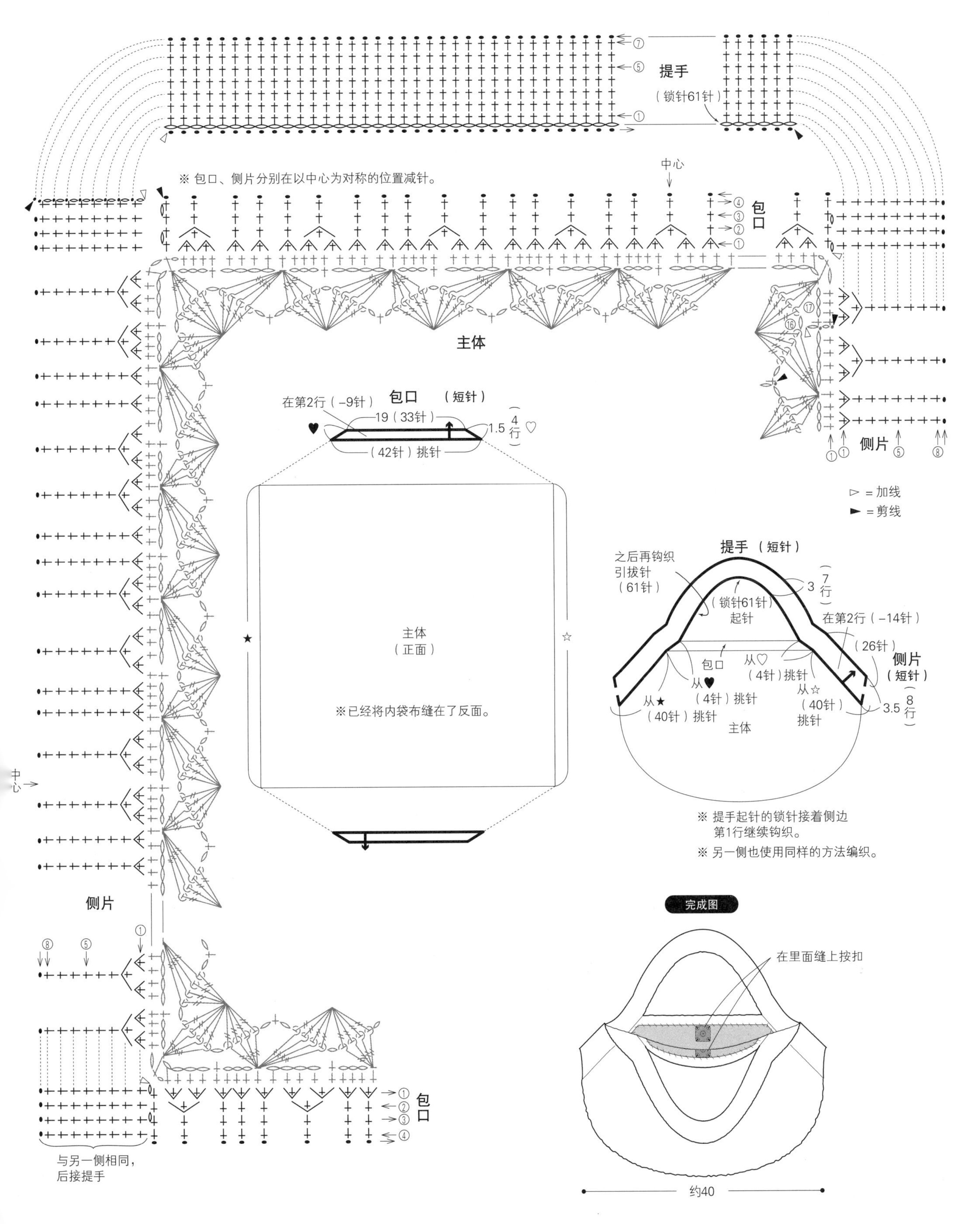

提手
（锁针61针）
※ 包口、侧片分别在以中心为对称的位置减针。
中心
包口
主体
包口 （短针）
在第2行（-9针）
19（33针）
1.5 4行
（42针）挑针
▷ = 加线
▶ = 剪线
侧片
提手 （短针）
之后再钩织
引拔针
（61针）
3 7行
（锁针61针）
起针
在第2行（-14针）
（26针）
侧片
（短针）
包口
从♡
（4针）挑针
从♥
（4针）挑针
从☆
（40针）
挑针
从★
（40针）挑针
3.5 8行
主体
主体
（正面）
※已经将内袋布缝在了反面。
※ 提手起针的锁针接着侧边
第1行继续钩织。
※ 另一侧也使用同样的方法编织。
完成图
在里面缝上按扣
约40
与另一侧相同，
后接提手

L.连指手套

p.22

材料和工具

和麻纳卡 Amerry 原白色（20）40g，灰色（22）30g，暗橙色（4）20g

钩针 6/0 号

成品尺寸

掌围 20cm 长 22.5cm

编织密度

10cm×10cm面积内：

条纹花样35针，30行

编织要点

◆ 锁针起针，连接成环形。在配色的同时钩织条纹花样（鱼鳞钩编/编织方法参见第 19 页），由于要将反面当作正面使用，需注意渡线的方法。第 1 行挑取起针的里山，第 2 行之后的引拔针均整段挑起前一行的锁针。钩织 14 行，在拇指的位置钩织锁针。

◆ 拇指使用灰色线钩织 16 行。

◆ 边缘编织将条纹花样的织片的反面当作正面使用，整段挑起第 1 行的引拔针，钩织 6 行。

◆ 参照完成图收尾。

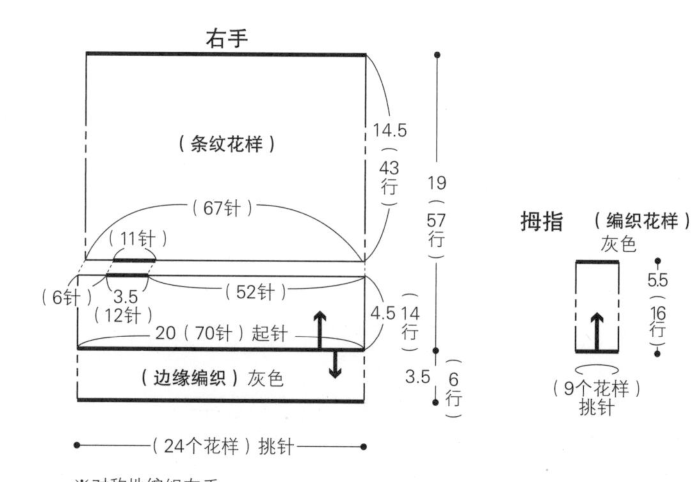

※对称地编织左手。

※条纹花样将反面当作正面使用。

拇指的挑针方法

※在★的位置挑针。

拇指

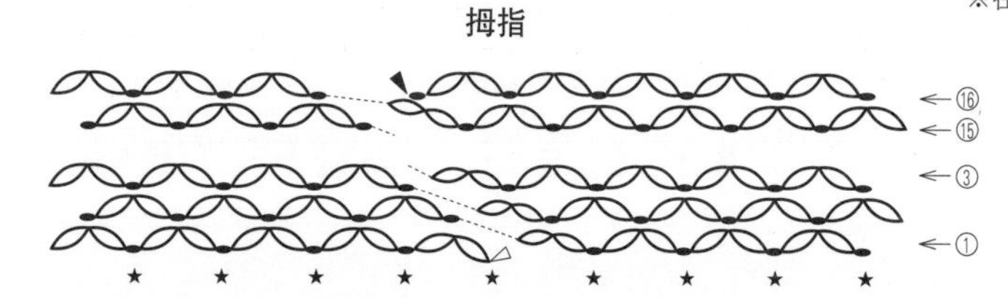

配色表

行数	颜色
51～57行	暗橙色
50行	原白色
49行	灰色
48行	原白色
47行	暗橙色
46行	原白色
45行	灰色
44行	原白色
43行	暗橙色
≀	≀
10～14行	原白色
9行	暗橙色
8行	原白色
7行	灰色
6行	原白色
5行	暗橙色
4行	原白色
3行	灰色
2行	原白色
1行	暗橙色
起针	

重复至第42行（1行～14行）

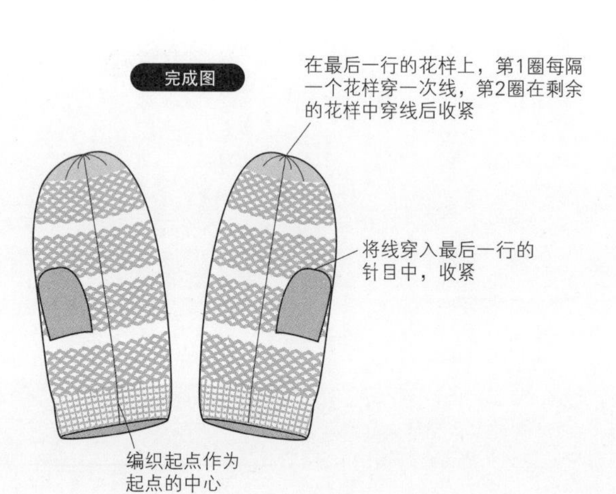

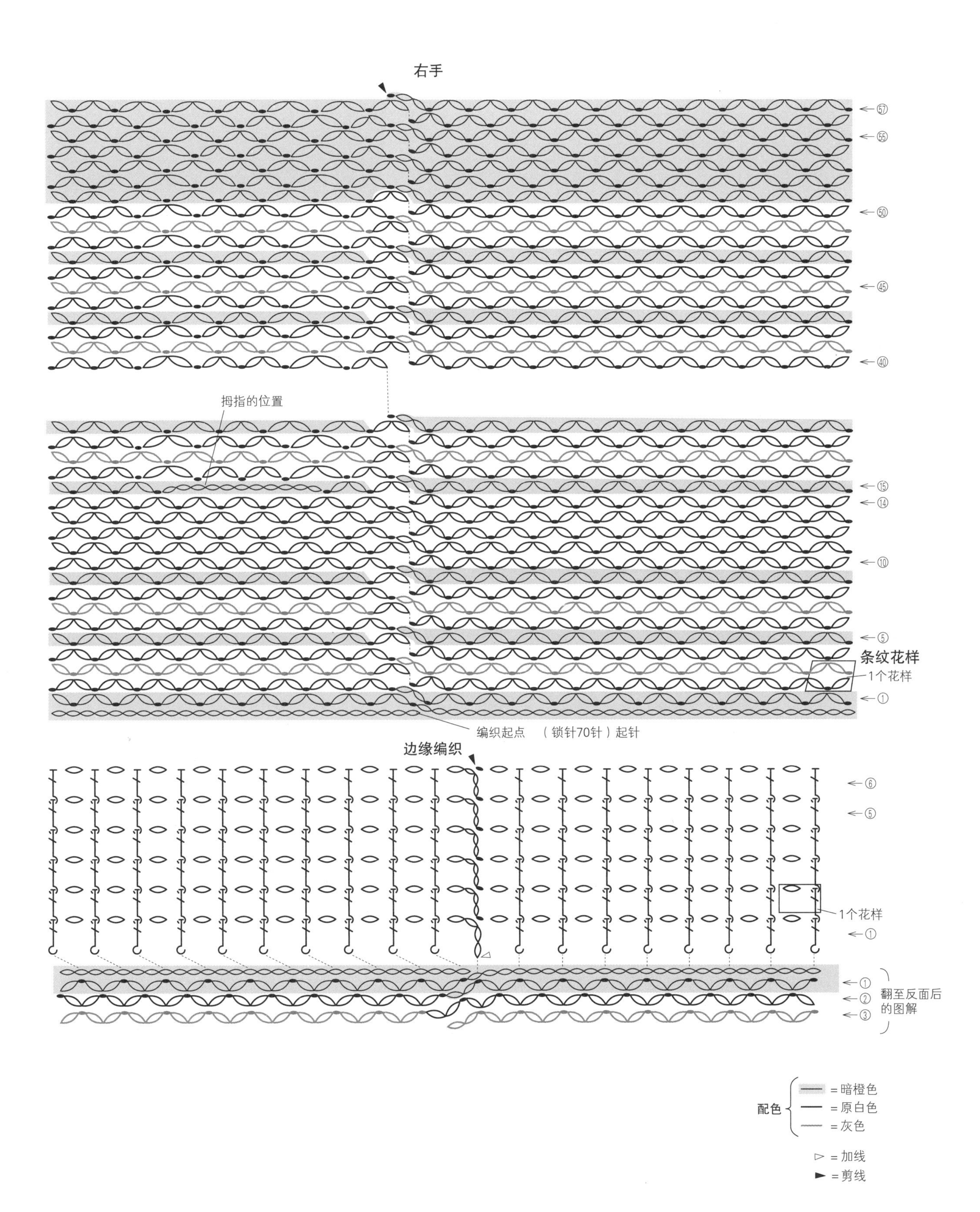

右手
57
55
50
45
40
拇指的位置
15
14
10
5
条纹花样
1个花样
1
编织起点
（锁针70针）起针
边缘编织
6
5
1个花样
1
1
2
3
翻至反面后的图解
配色
=暗橙色
=原白色
=灰色
=加线
=剪线

M.双面围脖

p.23

材料和工具

和麻纳卡 Of Course！ Big 红色(122)50g，灰色(107)45g，Sonomono Loop 原白色(51)70g

钩针 8mm

成品尺寸

颈围 110cm 宽 16cm

编织密度

10cm×10cm面积内：

编织花样 13 针，13.5 行

编织要点

◆ 手指起针，通过引拔针连接成环形。在配色的同时钩织条纹花样(鱼鳞钩编 / 编织方法参见第 19 页)19 行。第 2 行之后的引拔针均整行挑起前一行的锁针。这件作品的鱼鳞钩编将正面当作正面使用。

◆ 整段挑针起针，钩织 3 行编织花样。

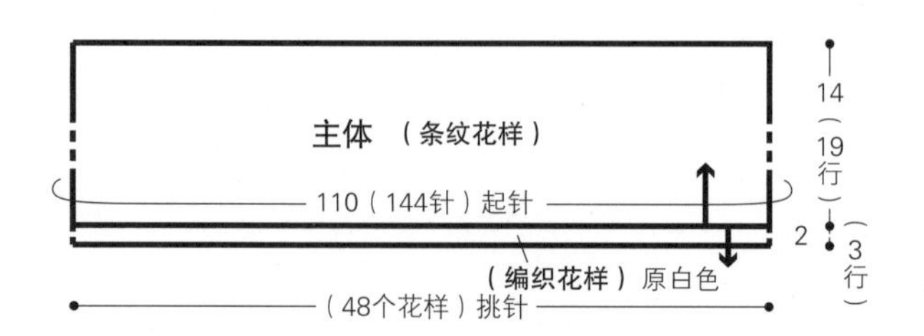

条纹花样

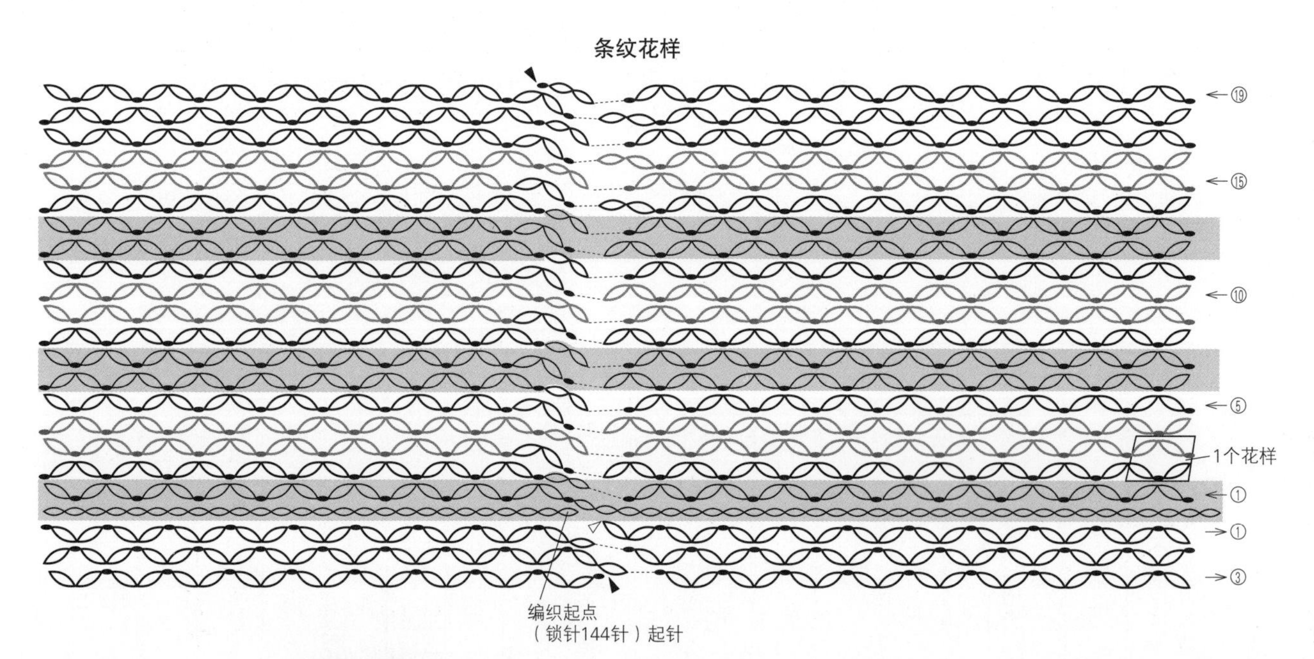

条纹花样的配色

行数	颜色
17～19行	原白色
15、16行	灰色
14行	原白色
12、13行	红色
11行	原白色
9、10行	灰色
8行	原白色
6、7行	红色
5行	原白色
3、4行	灰色
2行	原白色
1行 起针	红色

配色
= 红色
= 原白色
= 灰色

▷ = 加线
► = 剪线

X. 三色堇胸针

p.47

材料和工具

a 紫色：和麻纳卡 Aprico 黄色（16）、灰紫色（21）、浅茶色（22）各少量

b 米色：和麻纳卡 Aprico 米色（25）少量

直径 2cm 的胸针用别针 2 个

蕾丝针 0 号

成品尺寸

胸针 参照图示

编织要点

◆ 环形起针，参照图示花样钩织 2 行（卷线编织 / 编织方法参见第 46 页）。随后，锁针起 27 针，挑取锁针的半针和里山，继续钩织叶、茎。

◆ 在反面缝上胸针用别针。

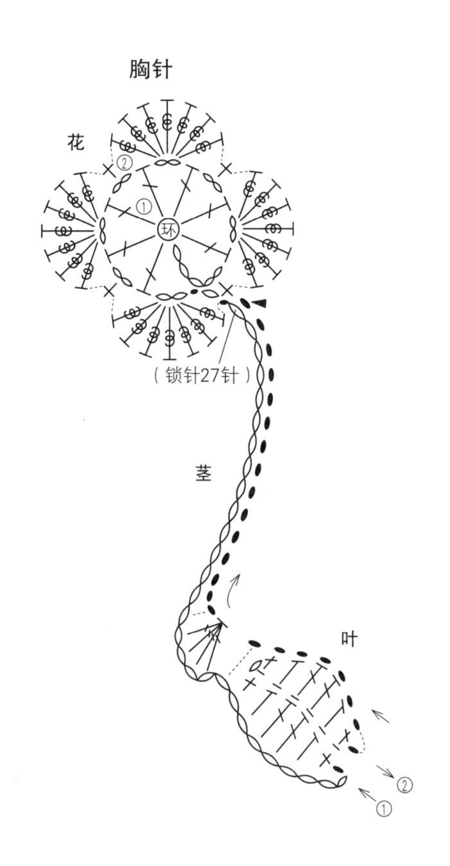

胸针的配色

	a	b
花，第2行	灰紫色	米色
花，第1行	黄色	
叶	浅茶色	
茎		

► = 剪线

= 卷线编织（绕10圈）

完成图

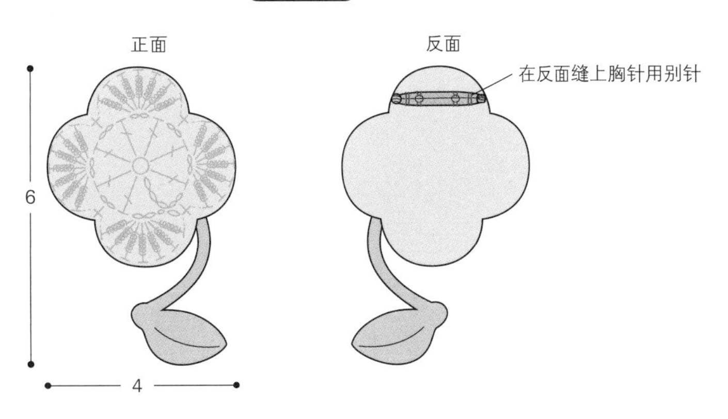

N.半指手套

p.25

材料和工具

和麻纳卡 Fuuga<Solo Color> 灰色(102)35g，

Alpaca Mohair Fine 米色(2)10g

钩针 5/0、7/0 号

成品尺寸

掌围 18cm　长 14.5cm

编织密度

10cm×10cm面积内：

罗纹钩编 19 针，19.5 行

编织要点

◆ 主体锁针起针 20 针，钩织 1 行短针。第 2 行之后钩织编织花样 A(罗纹钩编 / 编织方法参见第 24 页)，参照图示钩织 35 行，不要将线剪断，休针备用。仅在左侧第 10 针上加线，钩织 2 行，将线剪断。拇指的部分起 5 针锁针，钩织 3 行。使用刚刚休针的线参照图示钩织 10 行引返编织。参照完成图缝合在一起。

◆ 从主体上挑取 31 针，参照图示，手腕部分钩织 10 行编织花样 B，在环形的状态下做往返编织。

◆ 钩织 2 只相同的手套。

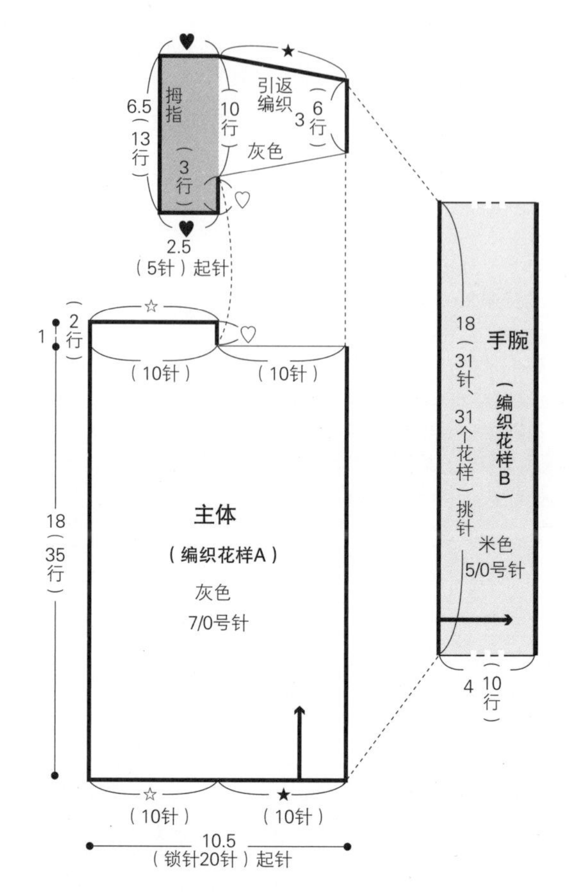

完成图

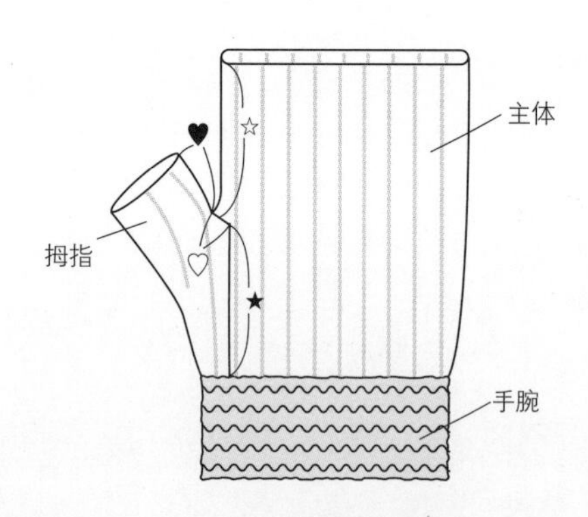

※★之间和☆之间反面相对，起针在上、编织终点在下，使用钩针引拔接合。

※♡之间和♥之间，使用毛线缝针做卷针缝合。

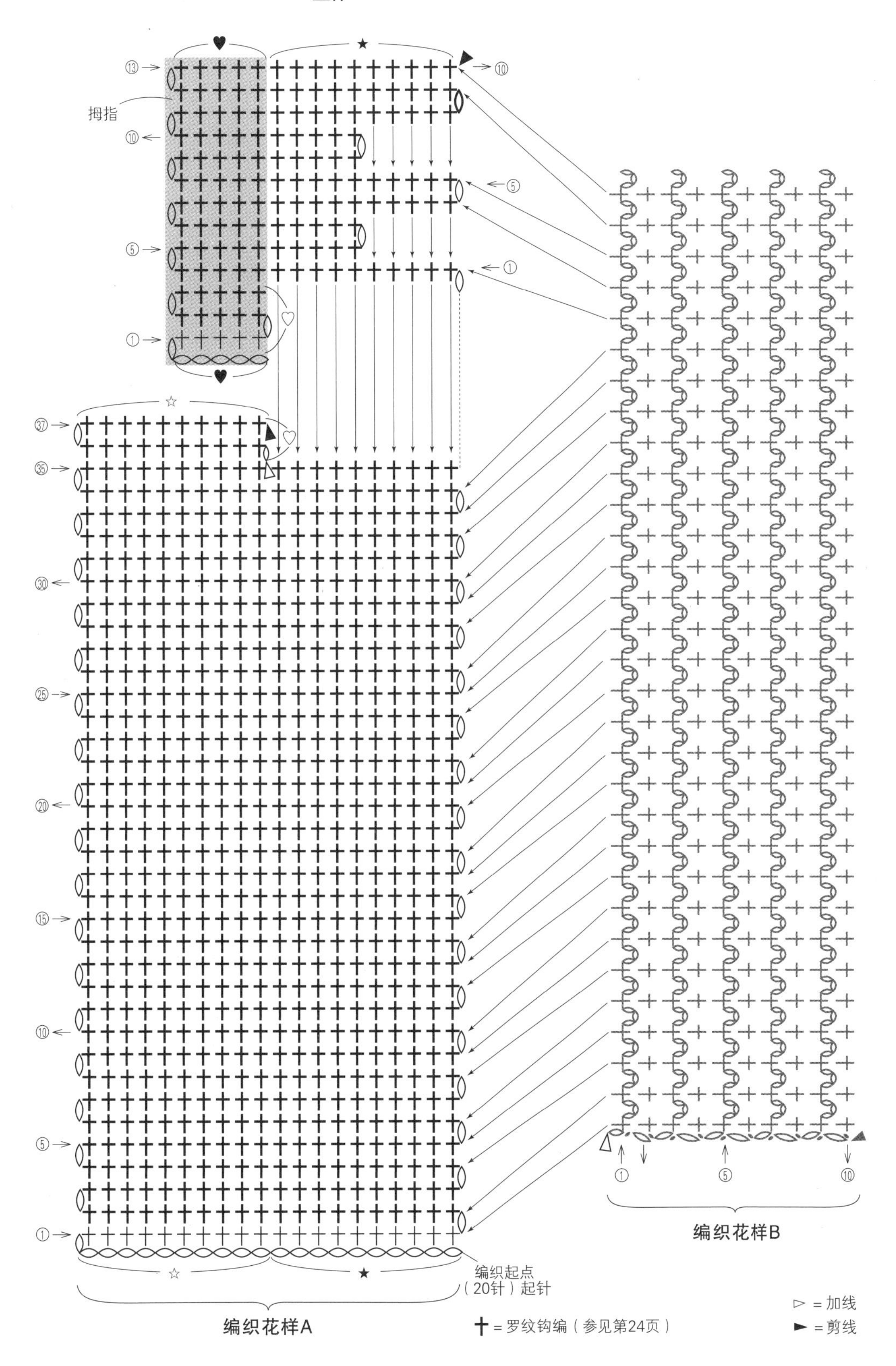
主体
拇指
编织起点
（20针）起针
编织花样A
编织花样B
＝罗纹钩编（参见第24页）
▷ ＝加线
► ＝剪线

O. 简约的托特包

p.25

材料和工具

和麻纳卡 Of Course！ Big 蓝色（116）280g，内袋用布 38cm×73cm，提手用皮革 20cm×21cm

钩针 7mm

成品尺寸

宽 28cm 包深 25cm 侧片宽 8cm

编织密度

10cm×10cm面积内：

罗纹钩编 11 针，12 行

编织要点

◆ 主体锁针起针，起 27 针，钩织 1 行短针。第 2 行之后参照图示钩织 87 行编织花样（罗纹钩编 / 编织方法参见第 24 页）。钩织完成后，参照主体的组合方法，将各个部分缝合在一起。

◆ 参照内袋的制作方法，将提手缝在内袋的主体上。将内袋的主体放入主体内，将内袋的包口的部分缝合。

◆ 参照提手皮革的制作方法，事先开好孔备用，将皮革包在提手的中央，使用白色的线缝合固定。

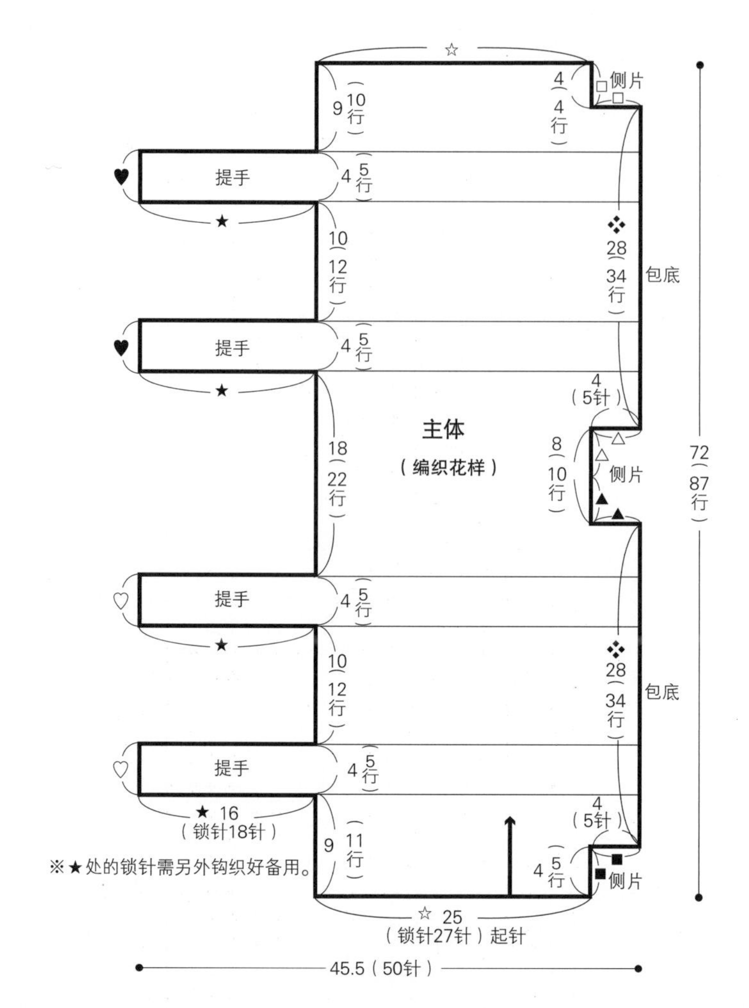

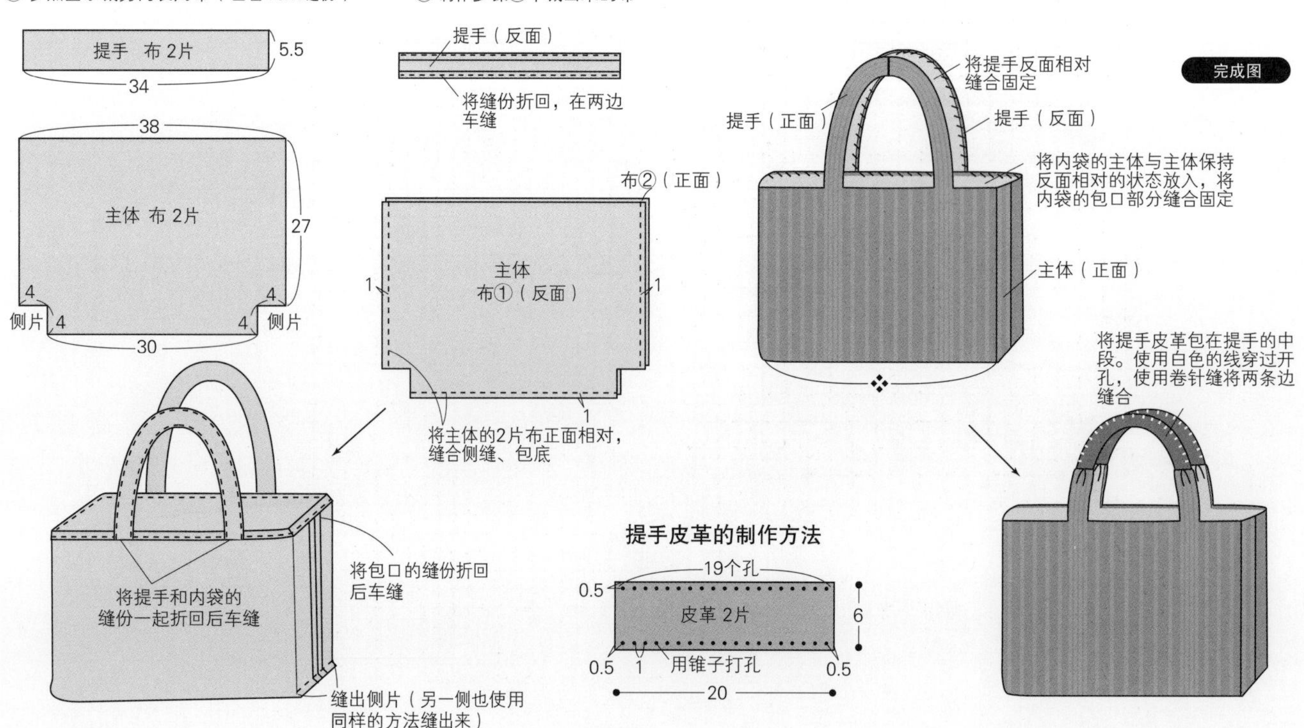

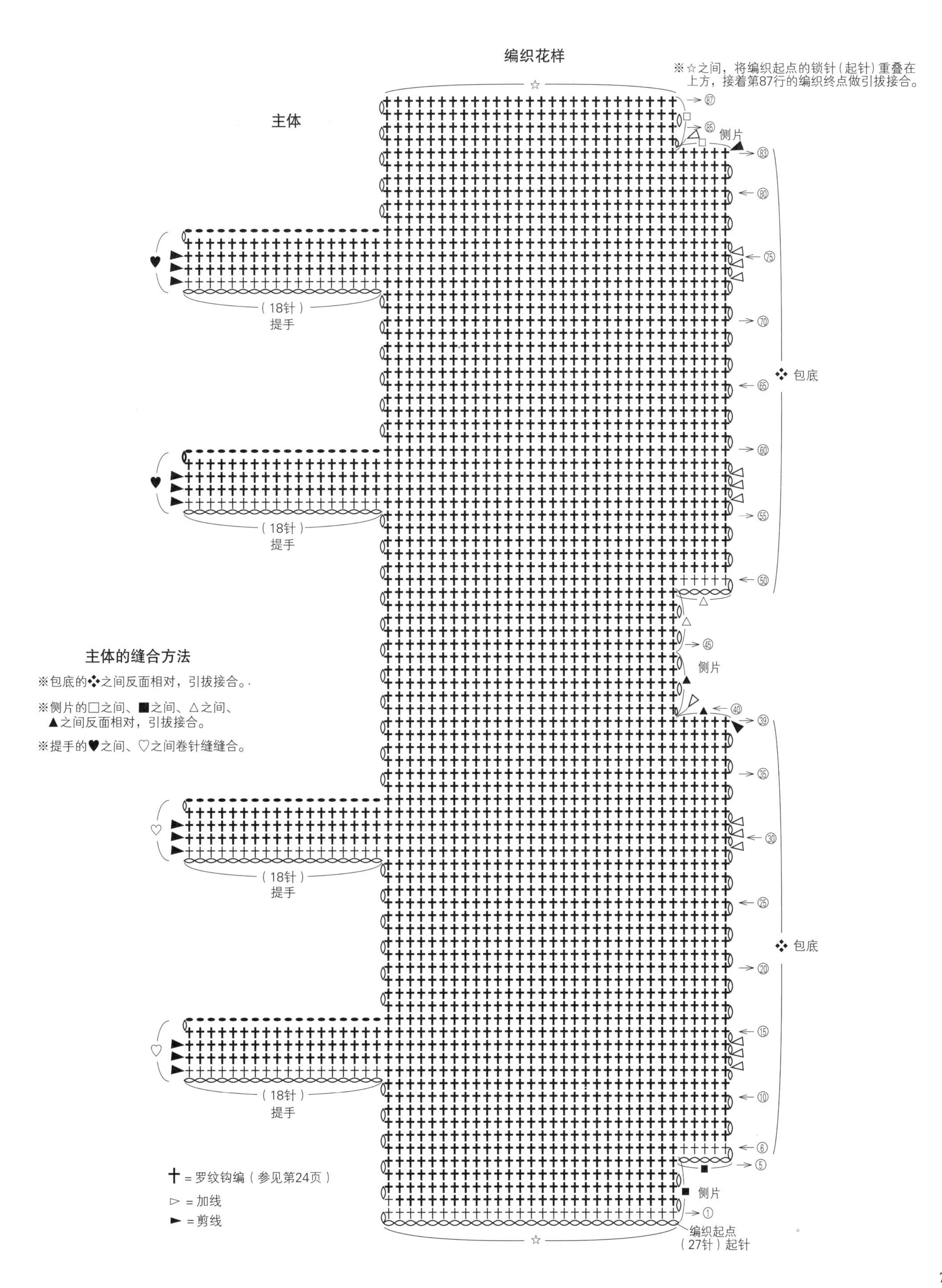
编织花样
※☆之间，将编织起点的锁针（起针）重叠在上方，接着第87行的编织终点做引拔接合。
主体
侧片
包底
（18针）
提手
主体的缝合方法
※包底的❖之间反面相对，引拔接合。
※侧片的□之间、■之间、△之间、▲之间反面相对，引拔接合。
※提手的♥之间、♡之间卷针缝缝合。
十 = 罗纹钩编（参见第24页）
▷ = 加线
► = 剪线
编织起点
（27针）起针

P. 手拿包
p.30

材料和工具

和麻纳卡 Canadian 3S <Tweed> 米色（101）160g，直径 28mm 的纽扣 1 颗，宽 3mm 的皮绳 130cm

钩针 7mm

成品尺寸

宽 30cm 包深 19cm

编织密度

10cm×10cm面积内：

人字纹钩编 12 针，8.5 行

编织要点

◆ 主体锁针起针起36针，挑取里山钩织第1行，其中第 1 针钩织普通的短针，第 2 针之后钩织人字纹钩编的下针。第 2 行的第 1 针钩织短针的上针，第 2 针之后钩织人字纹钩编的上针。从第 3 行开始，交替钩织 1 行下针、1 行上针，钩织至第 42 行为止（人字纹钩编 / 编织方法参见第 26~29 页）。

◆ 将★之间、☆之间正面相对，做卷针缝缝合在一起。

◆ 在包盖的正面缝上纽扣，将皮绳系在纽扣的底部。

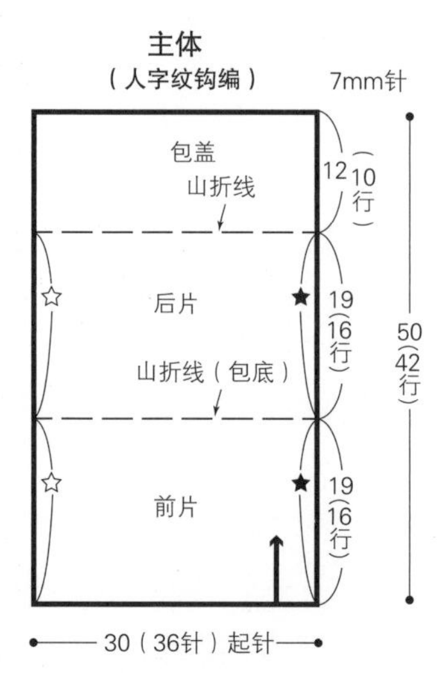

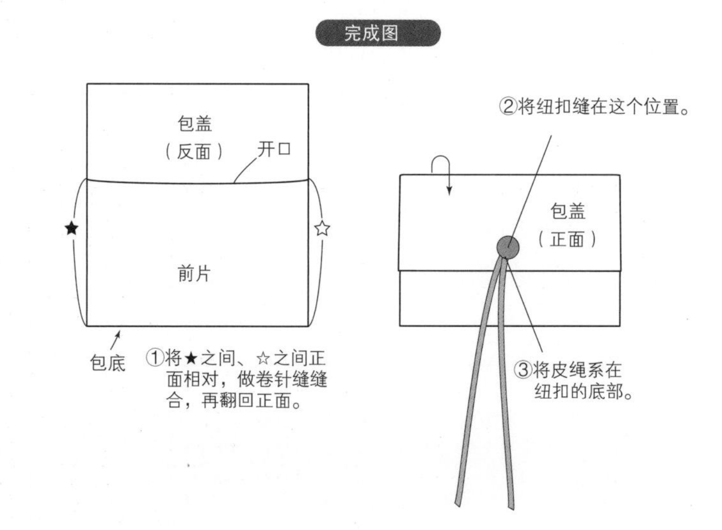

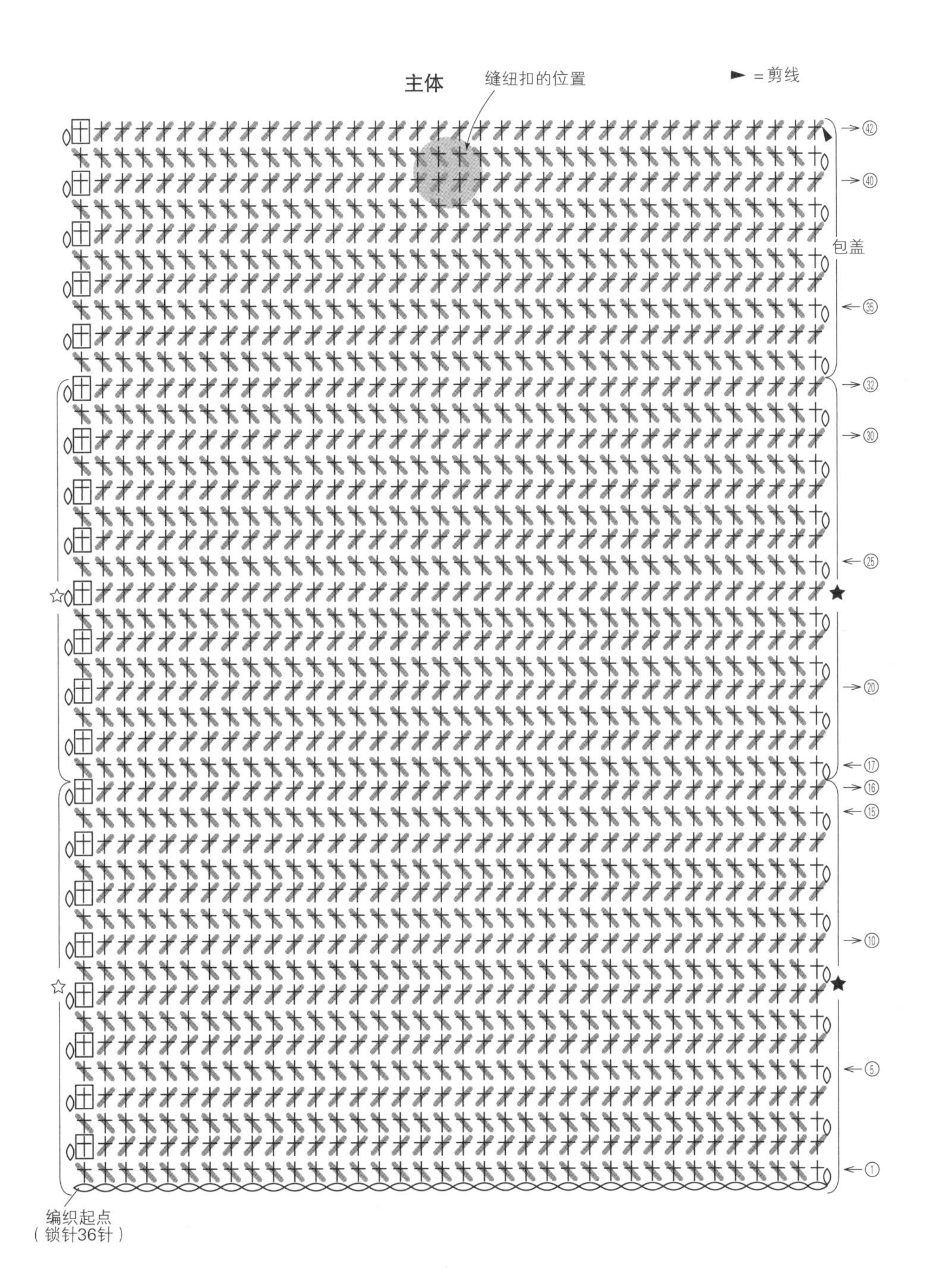

＝短针的人字纹钩编（下针）

＝短针的人字纹钩编（上针）

＝短针（上针）

Q. 手提购物包
p.31

材料和工具

和麻纳卡 Of Course！ Big 绿色（113）150g，白色（101）110g

宽 1.5cm、长 40cm 的皮质提手（INAZUMA:YAS-4091 4 号 米色）1 组

钩针 10/0 号

成品尺寸

宽 36cm 包深 22cm（不含提手）

编织密度

10cm×10cm面积内：

人字纹钩编 14 针，10.5 行

编织要点

◆ 包底环形起针，参照图示第 1 行钩织短针。第 1 针钩织普通的短针，第 2 针之后钩织人字纹钩编的下针。从第 3 行开始，与第 2 行同样钩织下针的同时做加针，共钩织 10 行。随后，侧面做往返编织，在钩织的同时在两侧缝做加针，共钩织 23 行。奇数行钩织人字纹钩编的下针，偶数行钩织人字纹钩编的上针（人字纹钩编/编织方法参见第 26~29 页）。

◆ 在侧面正面的指定位置缝上皮质提手。

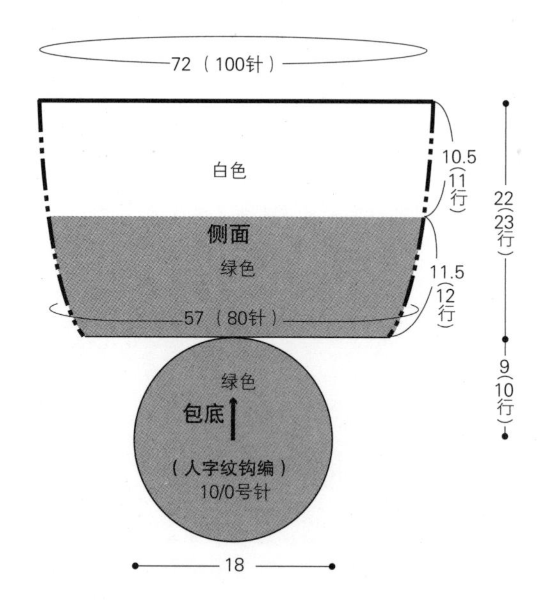

侧面的针数

行	针数	
22、23行	100针	
21行	100针	（+4针）
18~20行	96针	
17行	96针	（+4针）
14~16行	92针	
13行	92针	（+4针）
10~12行	88针	
9行	88针	（+4针）
6~8行	84针	
5行	84针	（+4针）
1~4行	80针	

完成图

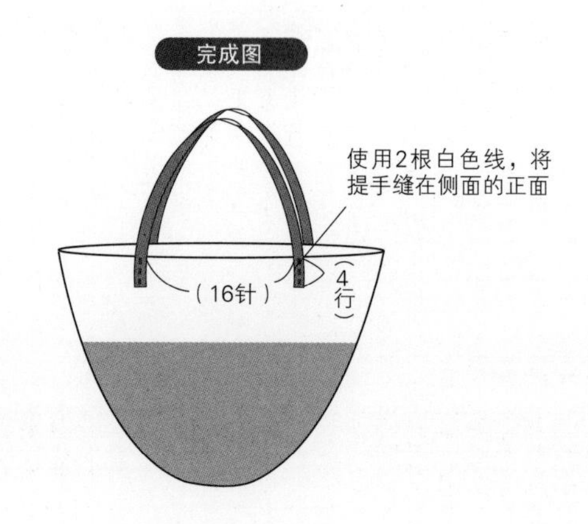

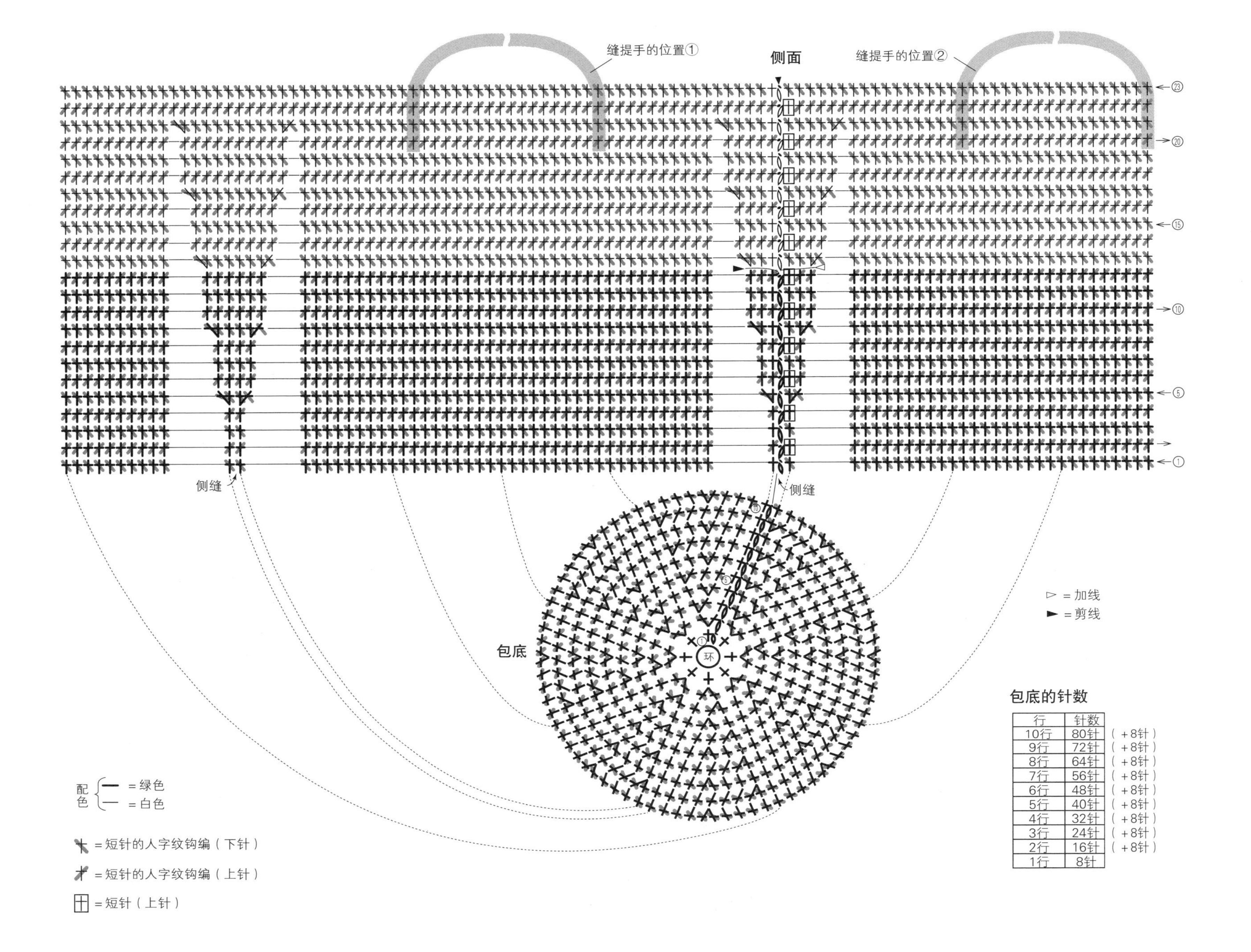

包底的针数

行	针数	
10行	80针	（+8针）
9行	72针	（+8针）
8行	64针	（+8针）
7行	56针	（+8针）
6行	48针	（+8针）
5行	40针	（+8针）
4行	32针	（+8针）
3行	24针	（+8针）
2行	16针	（+8针）
1行	8针	

R. 鳄鱼鳞针荷包
p.33

材料和工具

SKI YARN Ski Neige 黄色系混合(2132)245g，
Ski Tasmanian Polwarth 蓝色(7019)40g
钩针 6/0、8/0 号

成品尺寸

宽 35cm　包深 23cm(不含提手)

编织密度

编织花样 1 个花样为 3.5cm，10cm 为 13.5 行

编织要点

◆ 包底使用黄色系混合线和蓝色线 2 根线并为 1 股，环形起针开始钩织。钩织短针的同时做加针，钩织 24 行。
◆ 主体使用黄色系混合线 2 根线并为 1 股钩织 28 行编织花样(鳄鱼鳞针 / 编织方法参见第 32 页)。
◆ 边缘编织使用黄色系混合线和蓝色线 2 根线并为 1 股钩织 2 行。
◆ 提手使用蓝色线 4 根线并为 1 股钩织罗纹绳，穿到指定的位置。参照图示制作流苏，缝在提手的两端。

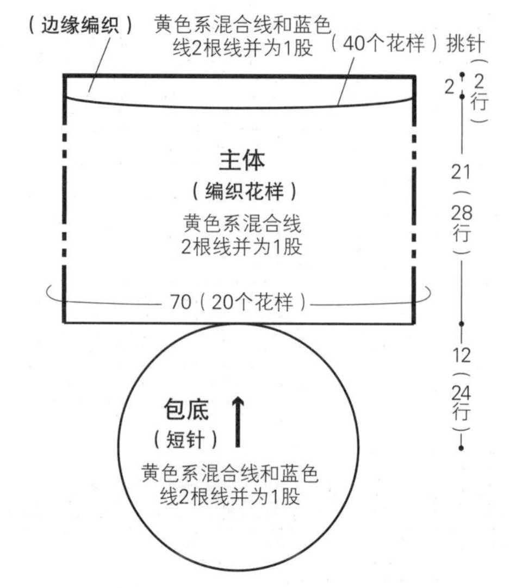

※除指定以外均用6/0号针钩织。

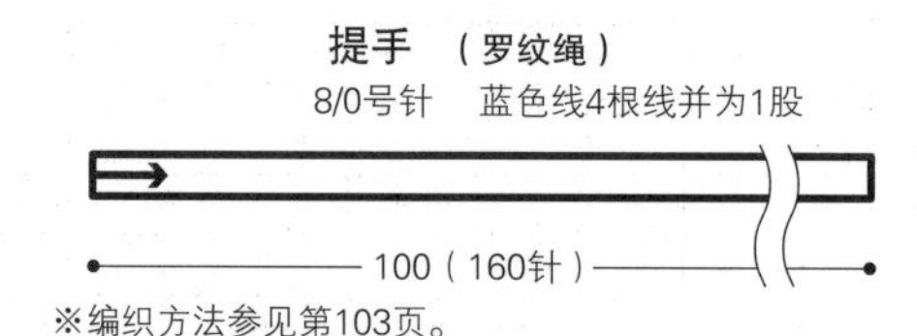

※编织方法参见第103页。

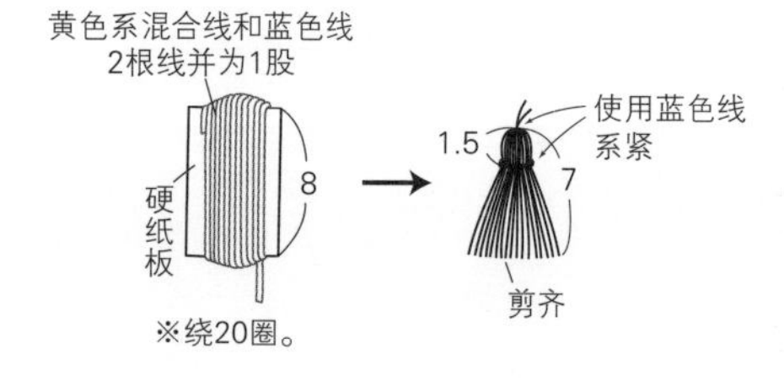

※绕20圈。

包底的加针

行数	针数	
21～24行	120针	
20行	120针	(+8针)
19行	112针	(+8针)
18行	104针	
17行	104针	(+8针)
16行	96针	(+8针)
15行	88针	(+8针)
14行	80针	
13行	80针	(+8针)
12行	72针	(+8针)
11行	64针	(+8针)
10行	56针	
9行	56针	(+8针)
8行	48针	(+8针)
7行	40针	
6行	40针	(+8针)
5行	32针	(+8针)
4行	24针	
3行	24针	(+8针)
2行	16针	(+8针)
1行	8针	

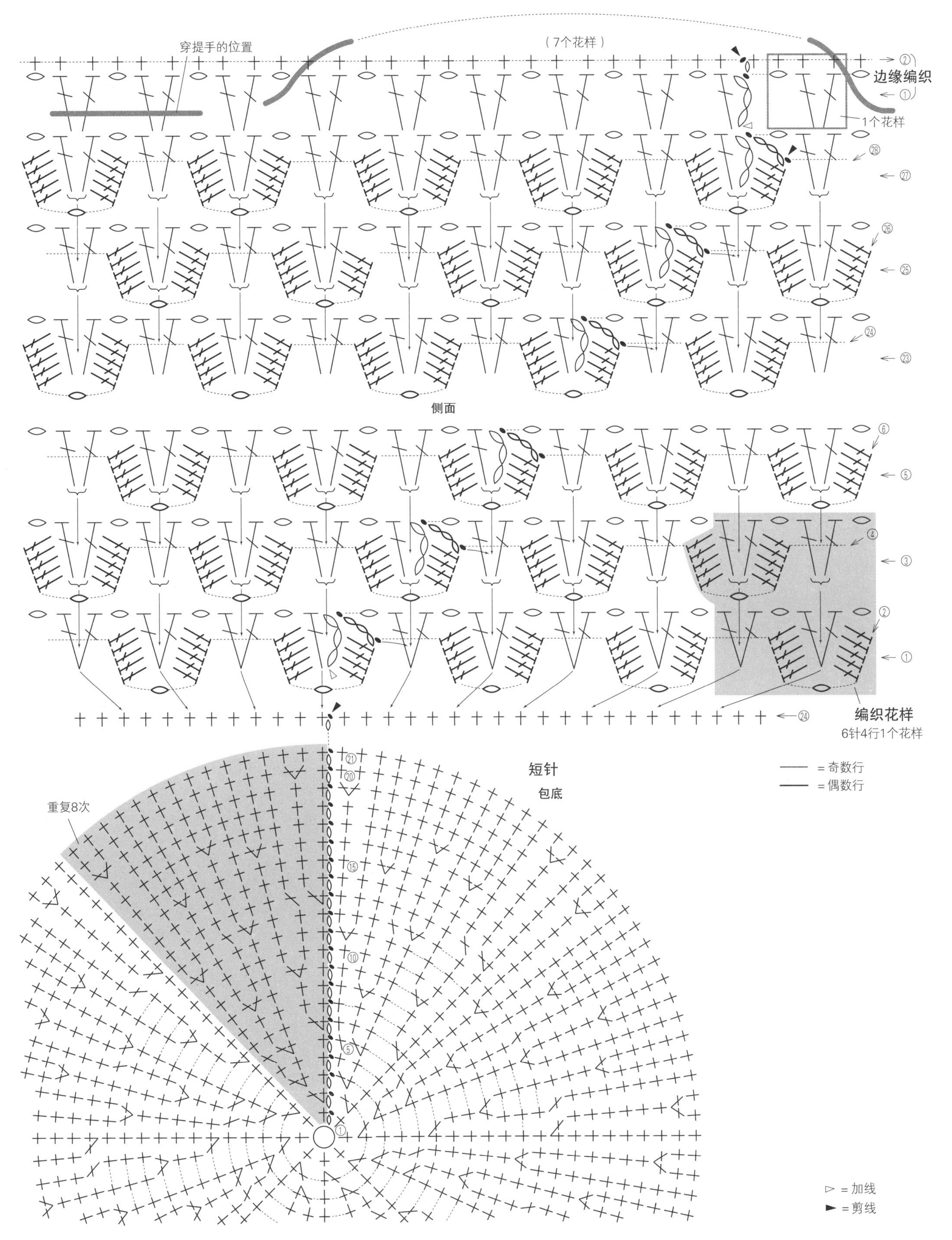

穿提手的位置
（7个花样）
边缘编织
1个花样
侧面
编织花样
6针4行1个花样
短针
包底
重复8次
= 奇数行
= 偶数行
▷ = 加线
► = 剪线

S. 六边形坐垫

p.37

材料和工具

和麻纳卡 Men's Club Master 藏青色(23) 90g，原白色(22)85g

钩针 8/0 号

成品尺寸

宽 41cm　长 38cm

编织要点

◆ 纤维编织的编织方法参见第 34~36 页，环形起针开始钩织，换色的同时钩织 9 行纤维编织。

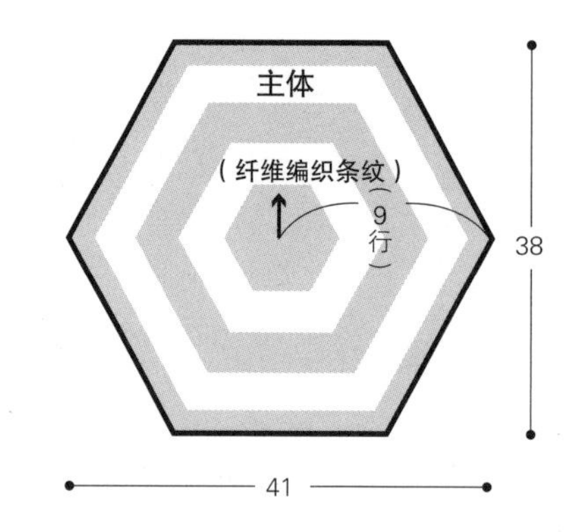

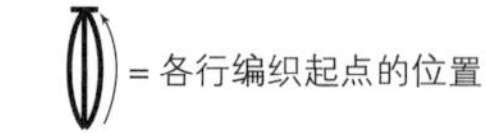

 = 纤维编织

 = 纤维编织 2针并1针

 = 纤维编织 3针并1针

配色表

行数	颜色
9行	藏青色
7、8行	原白色
5、6行	藏青色
3、4行	原白色
1、2行	藏青色

主体

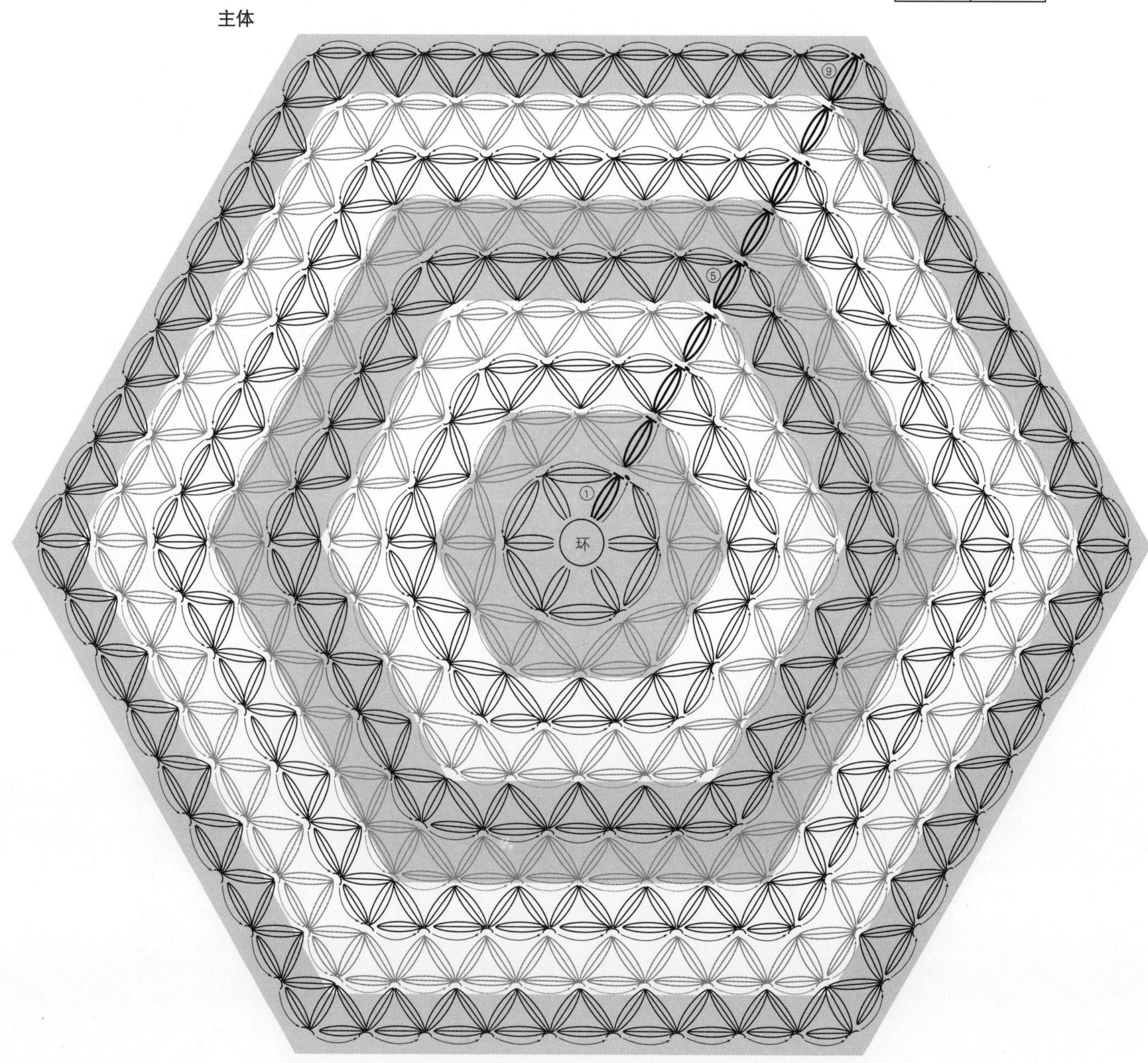

I.条纹花样杯套

p.37

材料和工具

a绿色系：和麻纳卡Alpaca Extra绿色系段染（3）17g

钩针 3/0 号

b橙色系：和麻纳卡Alpaca Extra橙色系段染（7）17g

钩针 3/0 号

成品尺寸

周长 22cm 深 6.5cm

编织密度

纤维编织 1 个花样为 1.1cm，10cm 为 10 行

编织要点

◆ 主体使用纤维编织的方法起针，起 20 行，连接成环形，参照图示做纤维编织（编织方法参见第 34~36 页），钩织 5 行。

◆ 边缘编织 A、B 分别钩织 2 行。

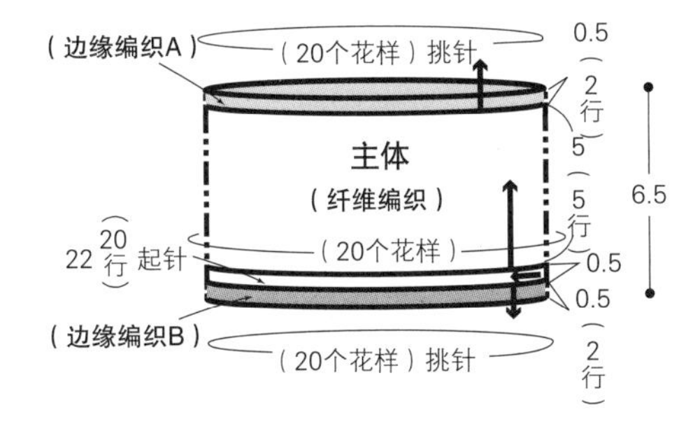

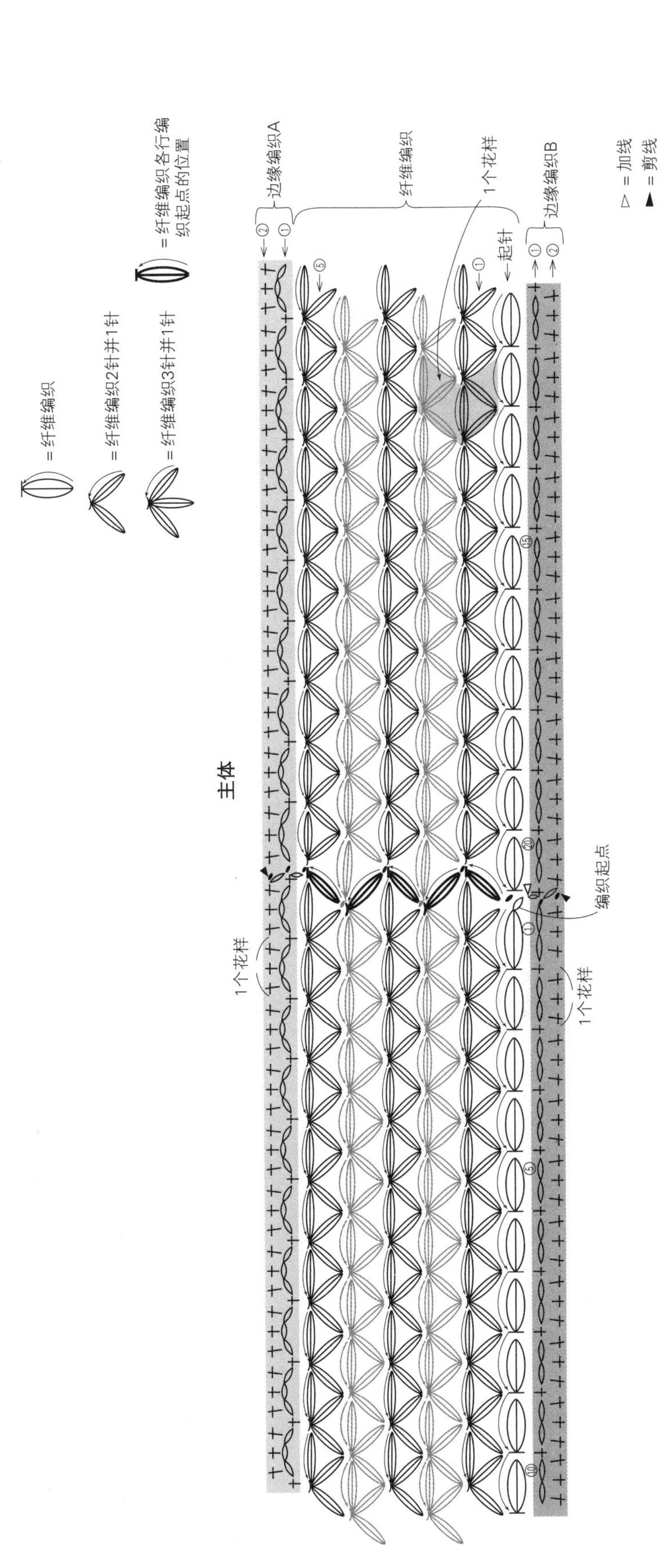

U. 北欧风双面毛毯
p.42

材料和工具

DARUMA Shetland Wool 蓝绿色(7)265g，米色(2)260g

钩针 6/0、7/0 号

成品尺寸

宽 67cm 长 98cm

编织密度

10cm×10cm面积内：

编织花样 22.5 针，10 行

编织要点

◆ 从毛毯的 A 面开始钩织，锁针起 145 针，钩织编织花样（双面钩编 1/ 编织方法参见第 39~41 页），A 面钩织 97 行，B 面钩织 96 行。

◆ 从毛毯的侧缝上各挑取 192 针，中途加 1 针锁针，变为 193 针参照图示钩织完短针后，再在四周钩织一整圈边缘编织，共钩织 3 行。

※ 将A面和B面重叠，交替地钩织编织花样。

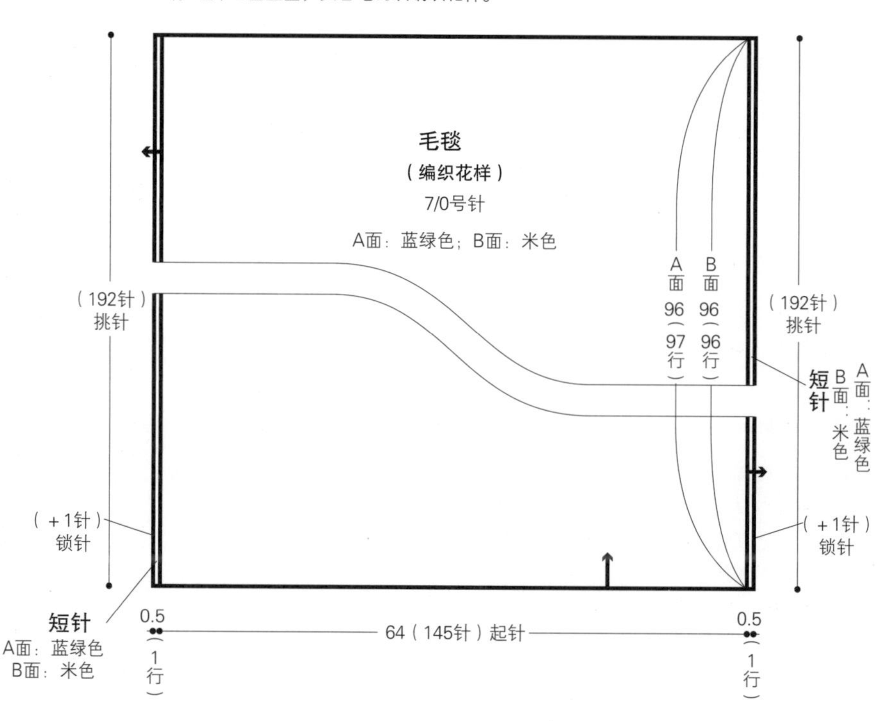

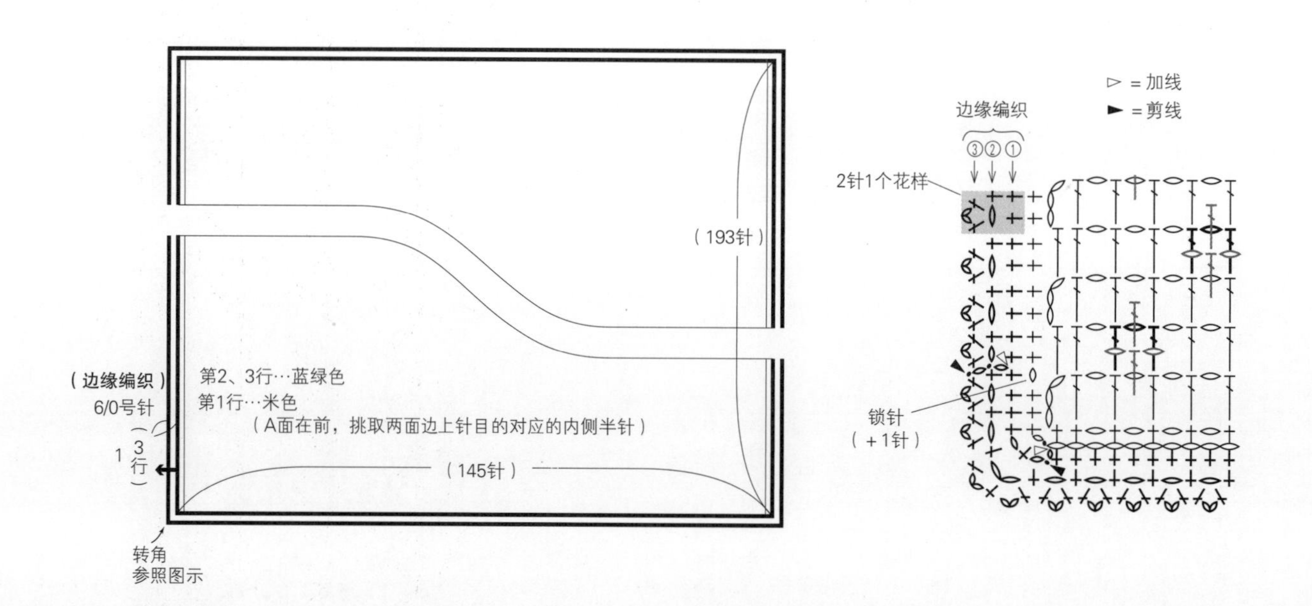

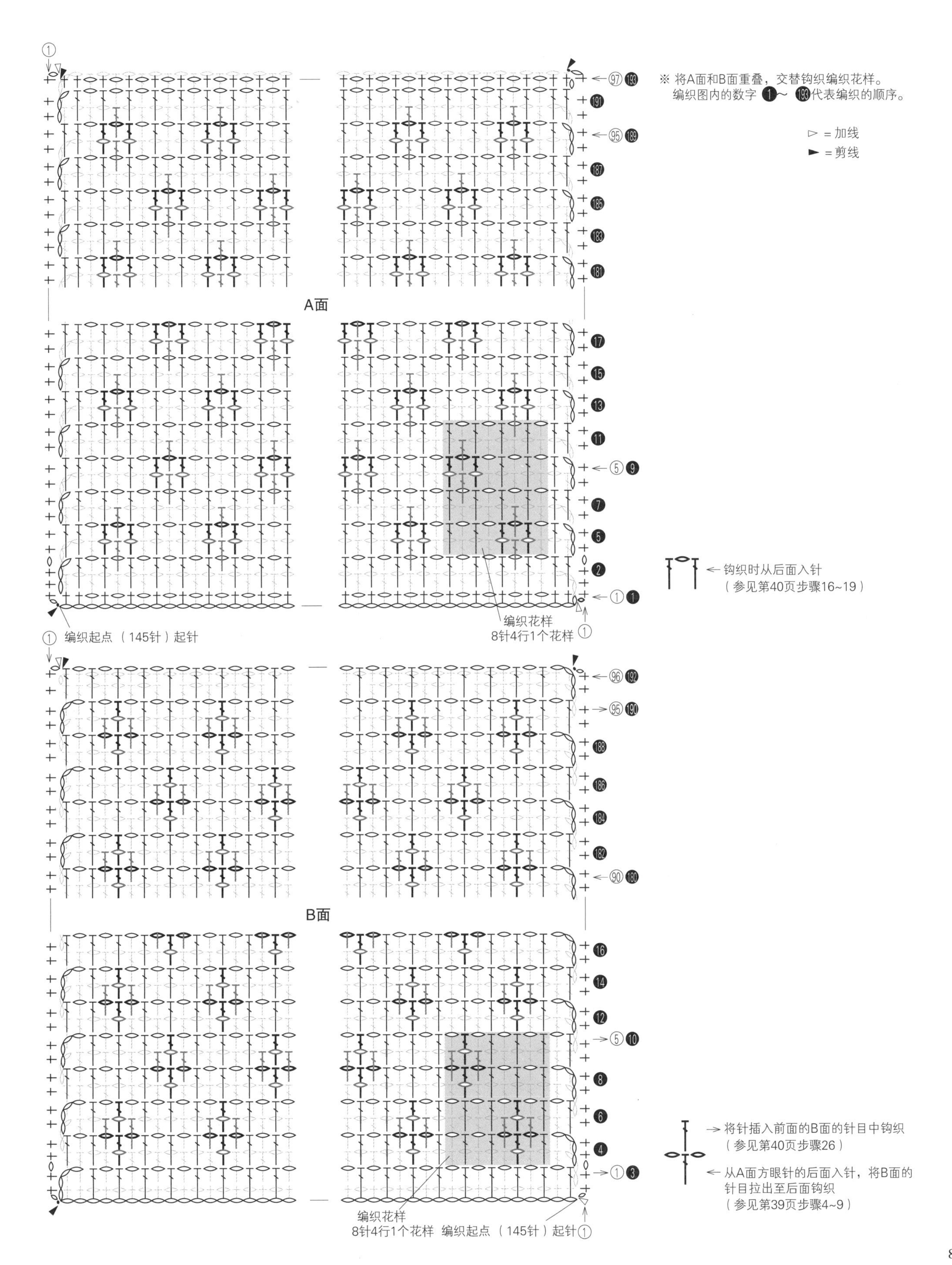
※ 将A面和B面重叠，交替钩织编织花样。
编织图内的数字 1～193代表编织的顺序。
▷ = 加线
► = 剪线
A面
钩织时从后面入针
（参见第40页步骤16~19）
编织起点（145针）起针
编织花样
8针4行1个花样
B面
将针插入前面的B面的针目中钩织
（参见第40页步骤26）
从A面方眼针的后面入针，将B面的针目拉出至后面钩织
（参见第39页步骤4~9）
编织花样
8针4行1个花样
编织起点（145针）起针

V.北欧风双面围脖
p.43

材料和工具

DARUMA Airy Wool Alpaca 藏青色(6)、灰色(7)各45g

钩针6/0号

成品尺寸

宽16cm 周长78cm

编织密度

10cm×10cm面积内：

编织花样23.5针，11行

编织要点

◆ 从主体的A面开始钩织，锁针起184针，环形往返钩织编织花样(双面钩编1/编织方法参见第39~41页)，A面钩织19行，B面钩织18行。为了换行时花样不至于断掉，钩织时需移动立起的锁针的位置。

◆ 主体的上下边缘，将B面朝前，一起引拔两面的边上的针目的内侧半针，使其连接在一起。

※ 将A面和B面重叠，交替钩织编织花样。

主体

(编织花样) 6/0号针

A面：灰色；B面：藏青色

A面 16(19行)　B面 16(18行)

78(184针)起针

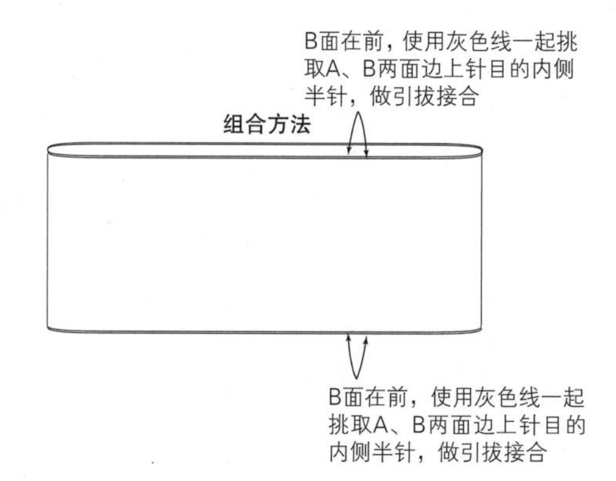

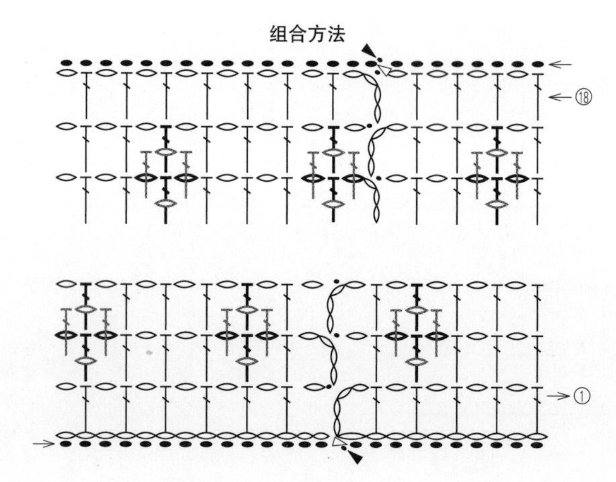

▷ = 加线

► = 剪线

※ 将A面和B面重叠，交替钩织编织花样。
编织图内的数字❶～㊲代表编织的顺序。

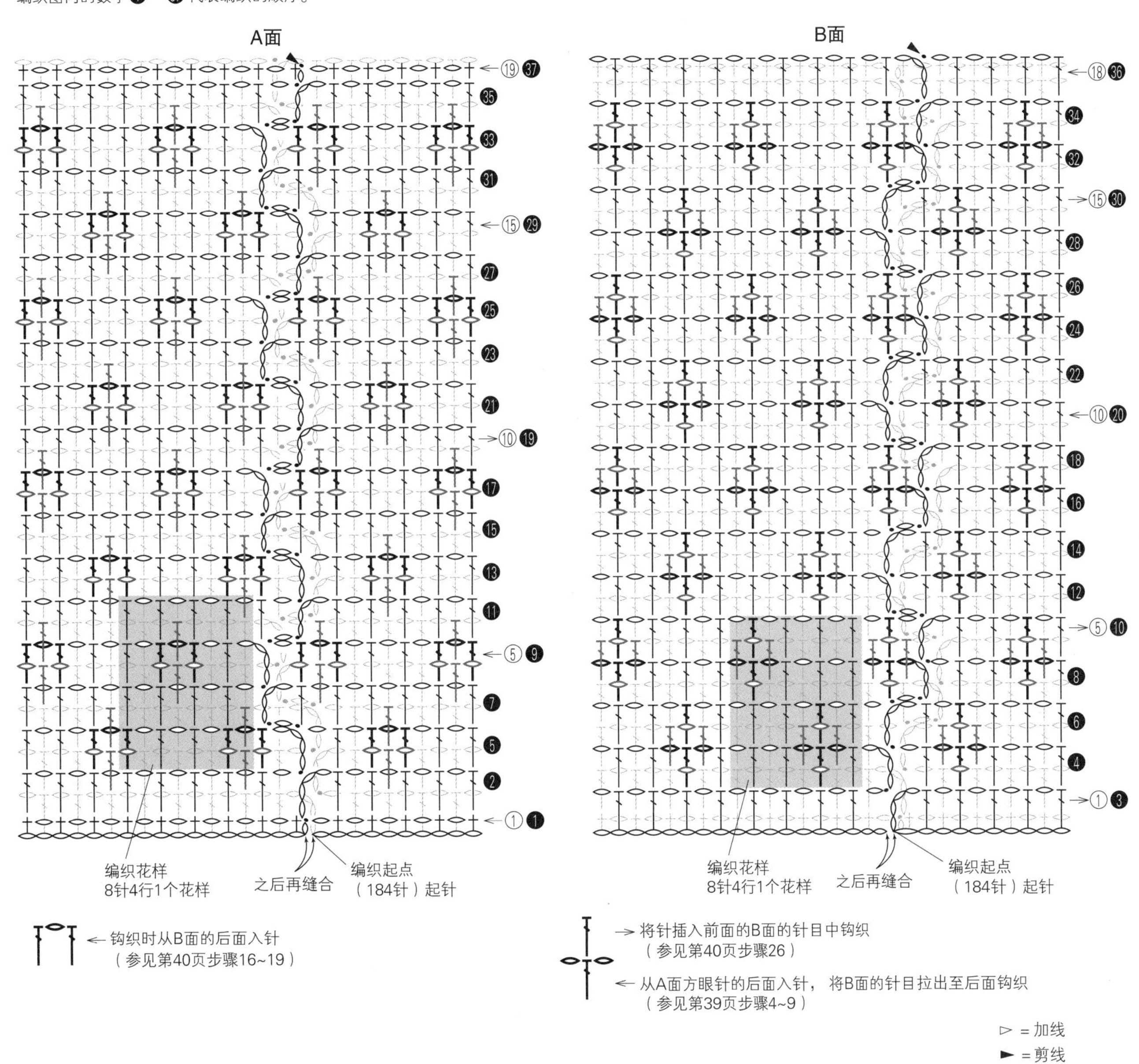

W. 带盖手拿包
p.45

材料和工具

和麻纳卡 Exceed Wool L<中粗>浅茶色(304)110g，红色(335)110g

钩针 6/0 号

成品尺寸

宽 30cm 包深 19cm

编织密度

编织花样 1 个花样为 2.3cm，10cm 为 10.5 行

编织要点

◆ 从主体的 A 面开始钩织，锁针起 66 针，参照图示钩织 1 行编织花样，休针备用。

◆ 主体的 B 面参照双面钩编 2 的编织方法(第 44 页)，A 面和 B 面各钩织 56 行。在 B 面的编织终点之后，将 A、B 两面缝合的同时钩织边缘编织。

◆ 将主体在包底线的位置对折，参照组合方法，两侧边使用短针和锁针接合在一起。

※ 全部使用6/0号针钩织。

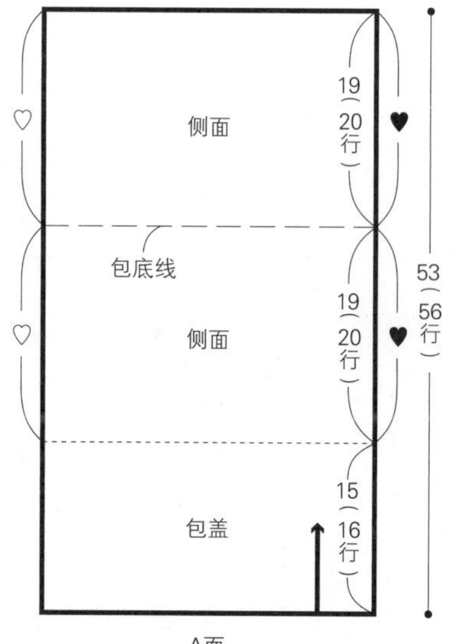

※ 将A面和B面重叠，交替钩织编织花样。

组合方法

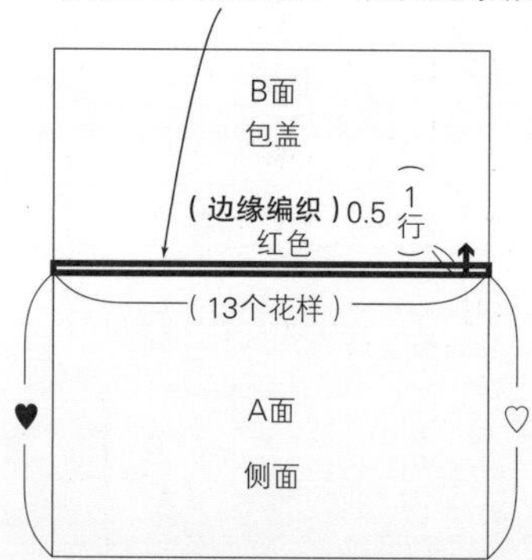

② 侧边看着A面，♡、♥之间仅在B面使用红色线钩织短针和锁针接合在一起。

③ 将B面翻回至正面。

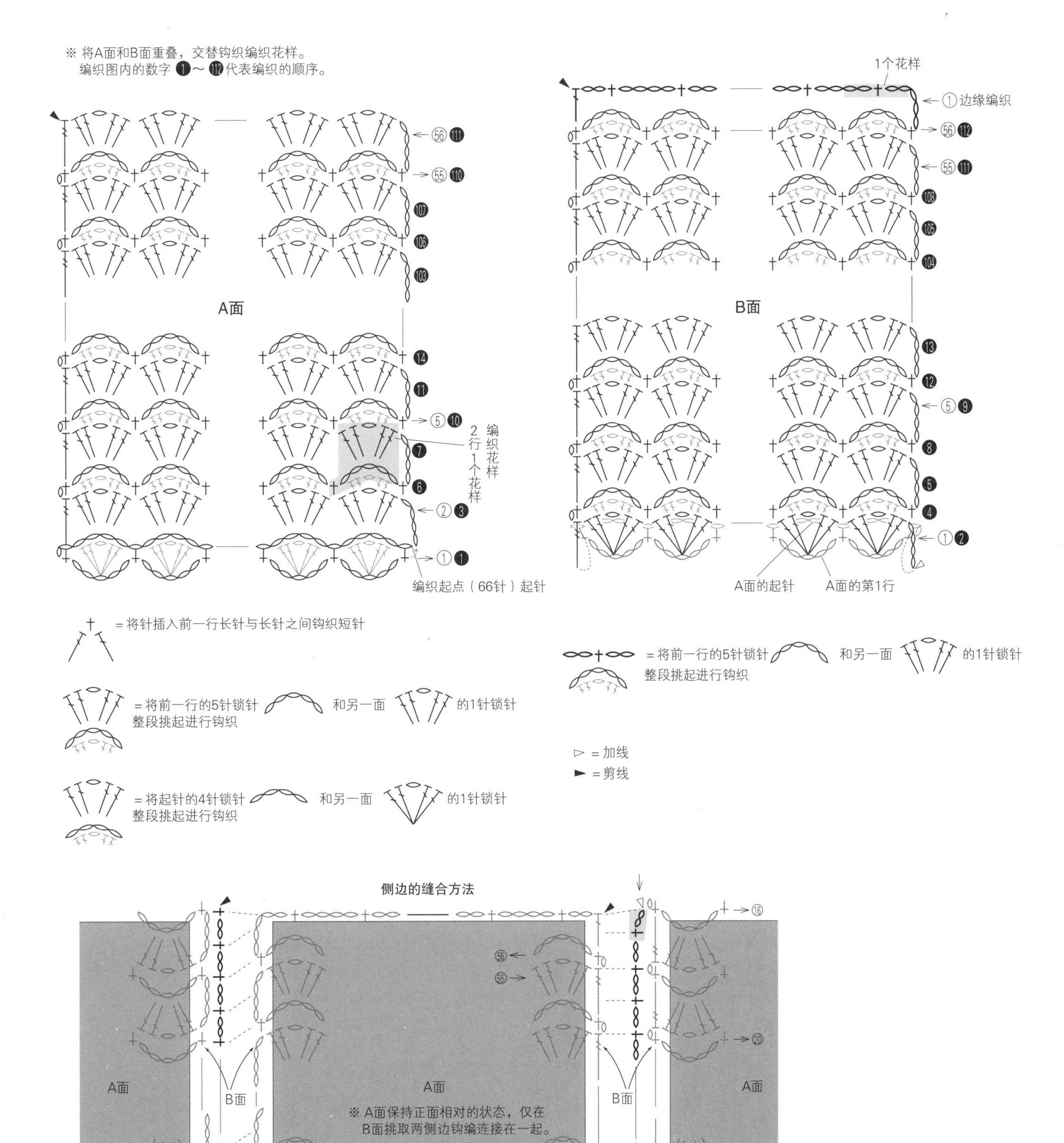

※ 将A面和B面重叠，交替钩织编织花样。
编织图内的数字 1～112代表编织的顺序。
A面
B面
1个花样
① 边缘编织
2行1个花样
编织起点（66针）起针
A面的起针
A面的第1行
= 将针插入前一行长针与长针之间钩织短针
= 将前一行的5针锁针 和另一面 的1针锁针 整段挑起进行钩织
= 将起针的4针锁针 和另一面 的1针锁针 整段挑起进行钩织
= 将前一行的5针锁针 和另一面 的1针锁针 整段挑起进行钩织
▷ = 加线
► = 剪线
侧边的缝合方法
A面
B面
※ A面保持正面相对的状态，仅在B面挑取两侧边钩编连接在一起。

Y. 蕾丝口金包

p.47

材料和工具

和麻纳卡 Aprico 米色(25)45g，手提包用口金 H207-003-4 古金色，圆环 2 个，内袋用布 20cm×40cm

蕾丝针 0 号、钩针 2/0 号

成品尺寸

宽 18cm 包深 18cm(不含提手)

编织要点

◆ 环形起针，参照图示钩织 16 行编织花样(卷线编织 / 编织方法参见第 46 页)。钩织 2 片相同的织片。

◆ 提手使用 2 根线并为 1 股，钩织指定尺寸的短针的虾形绳。

◆ 将内袋的纸型放大 200% 后使用，参照组合方法缝到主体上。

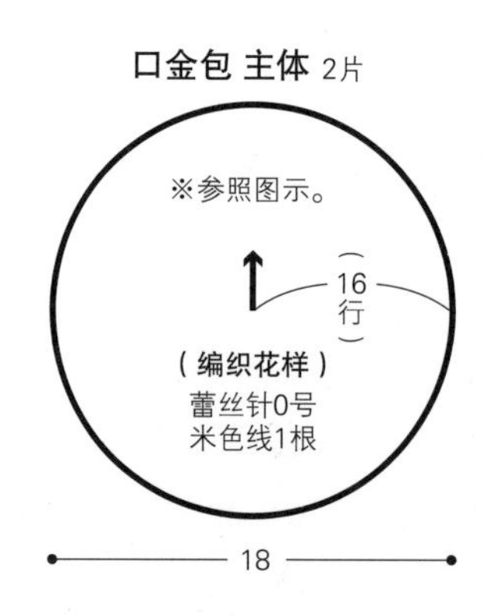

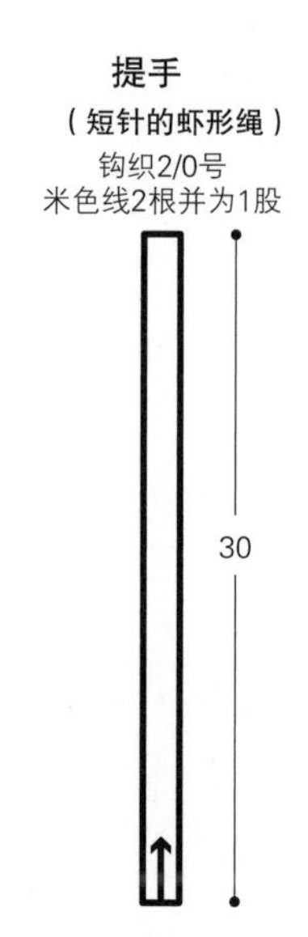

※编织方法参见第103页。

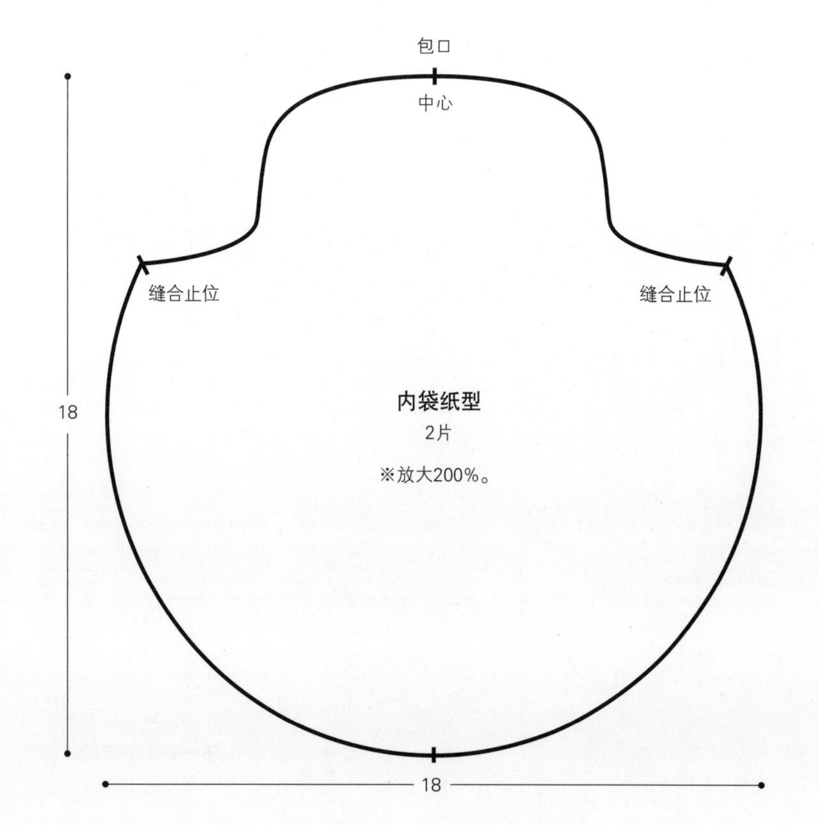

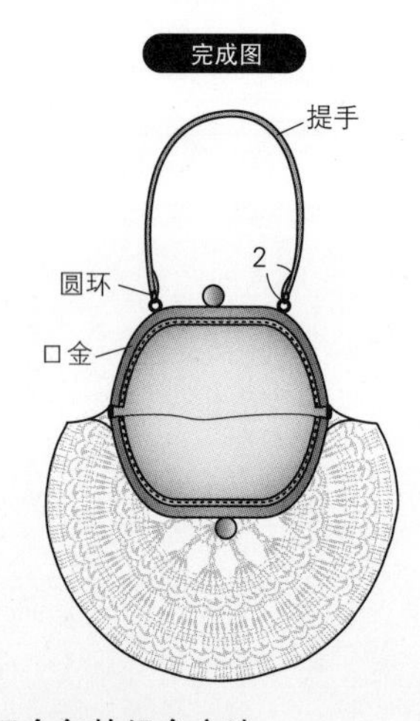

口金包的组合方法

①将2片主体正面相对，在指定的位置做卷针缝缝合。

②内袋四周留出1cm的缝份后剪裁下来。正面相对，留出包口，缝合至缝合止位。处理好缝份，将包口的缝份折回至反面。

③将内袋放入主体中，将包口缝合固定。

④将主体的缝口金的位置向反面折回，使用回针缝缝上口金。

⑤在口金上连接上圆环。

⑥将提手穿入口金中，折回后缝合固定。

编织花样　口金包 主体

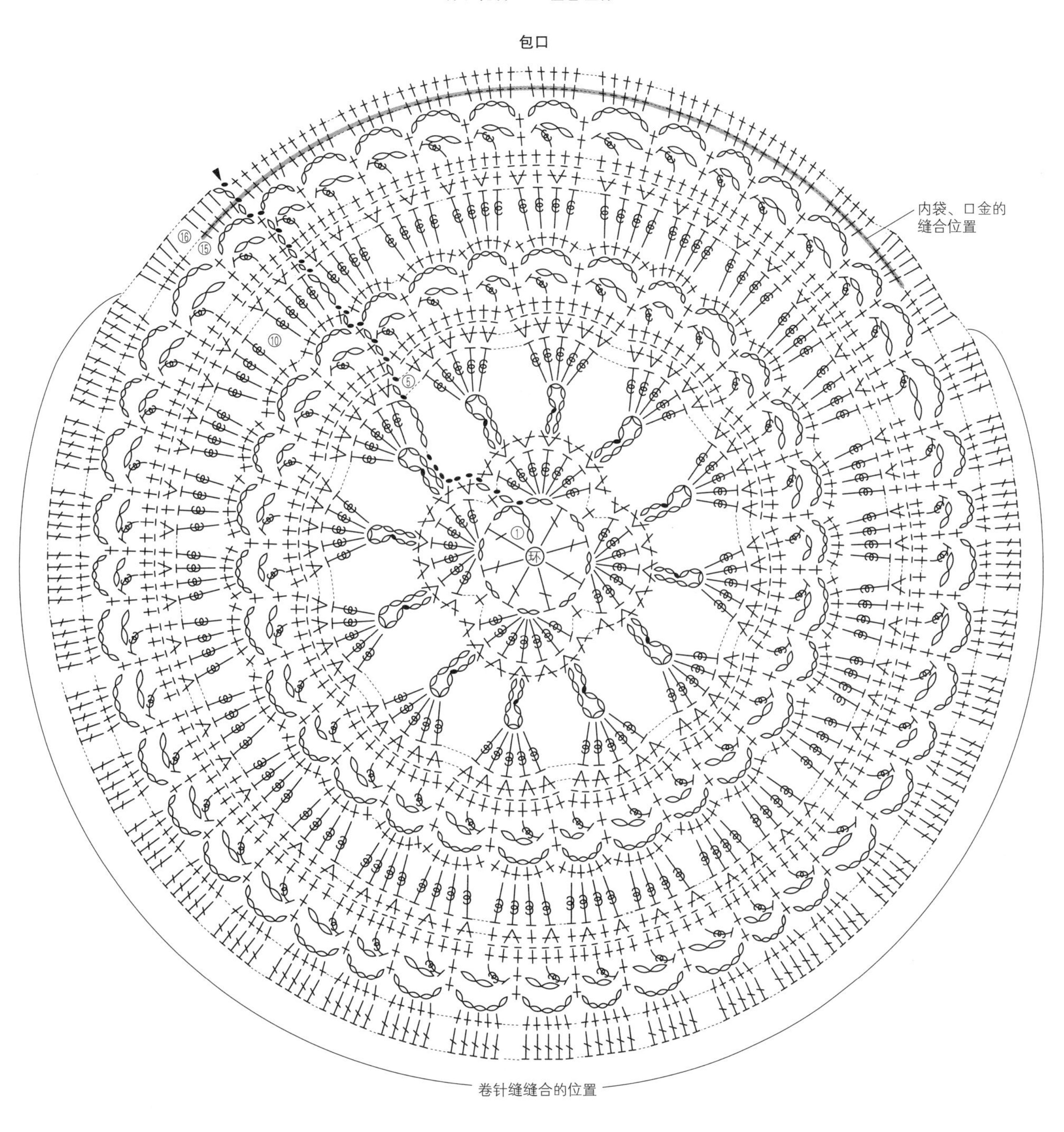

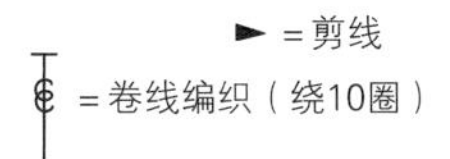

Basic Technique Guide

钩针编织基础技法

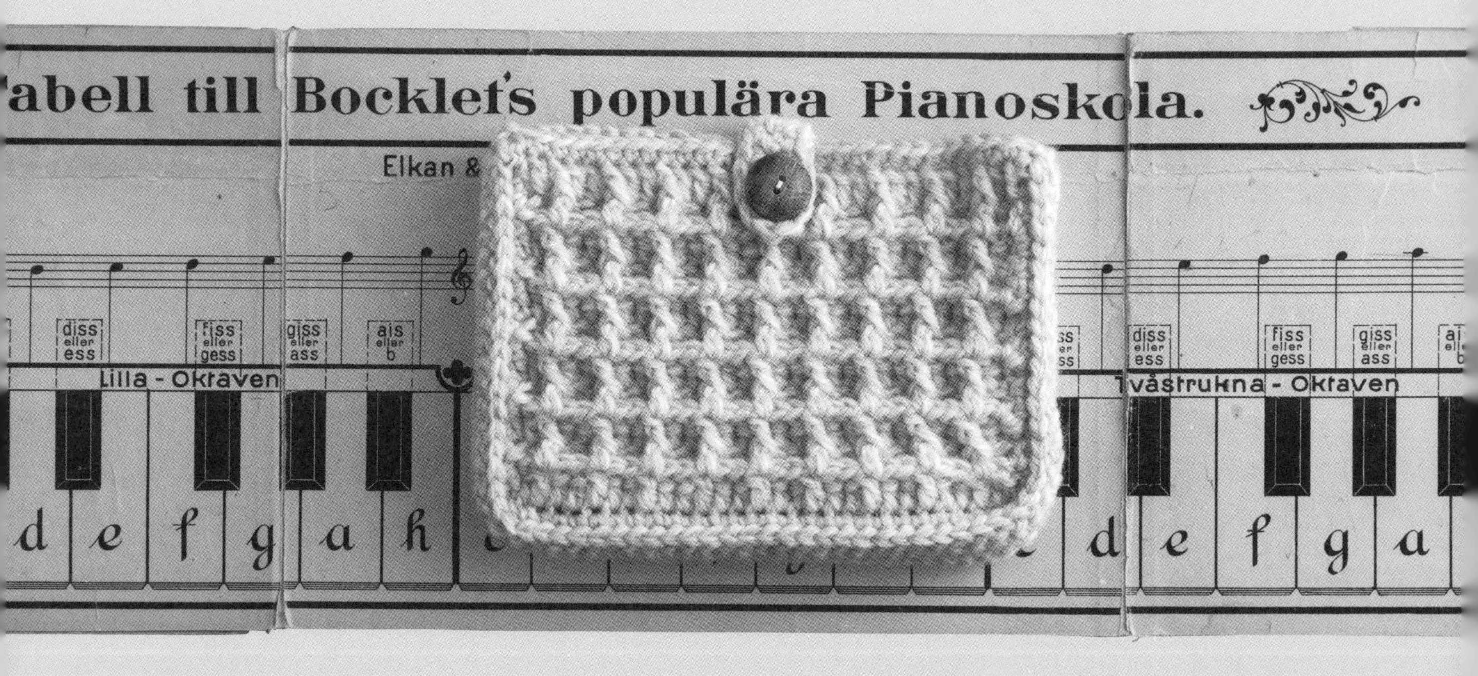

编织起点（起针）

将线头绕成环形的起针

1

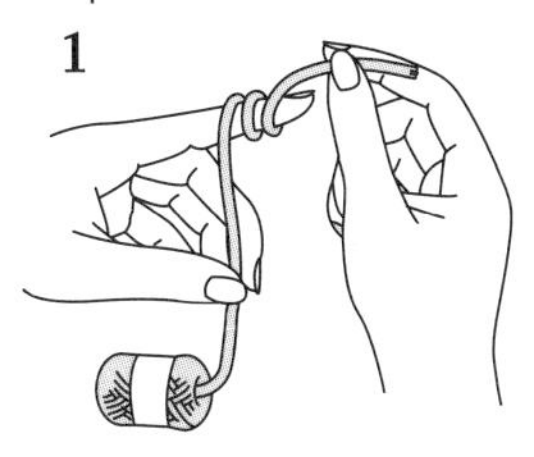

将线头在左手食指上绕2圈。

2

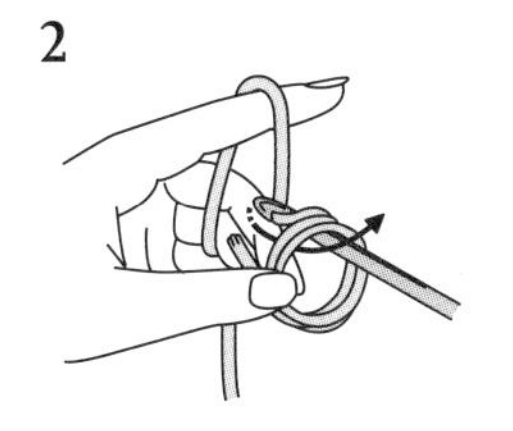

用左手捏住，防止绕出的线圈松散，将针插入线圈中，将线拉出。

3

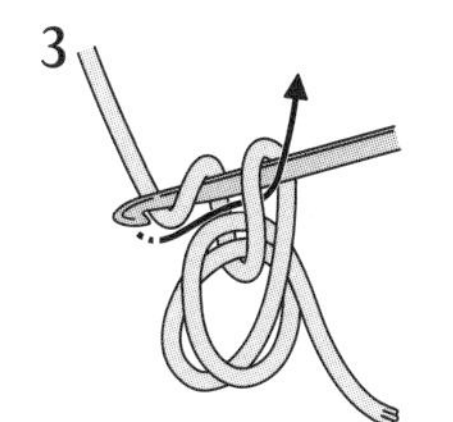

再次挂线，引拔。

4

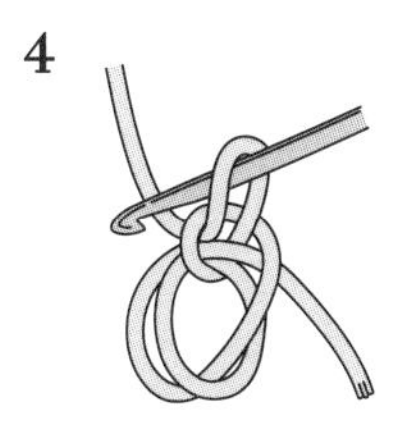

起针的环完成（这一针不计算在针数里）。

5

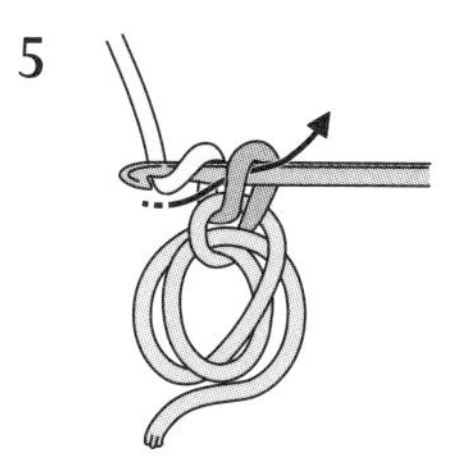

钩织第1行立起的锁针。

6

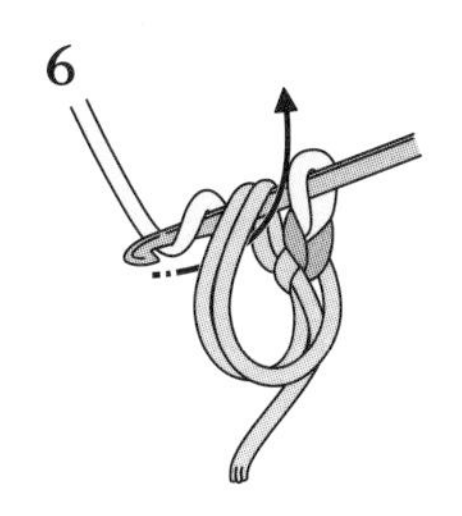

将针插入起针的环中挂线后拉出。

7

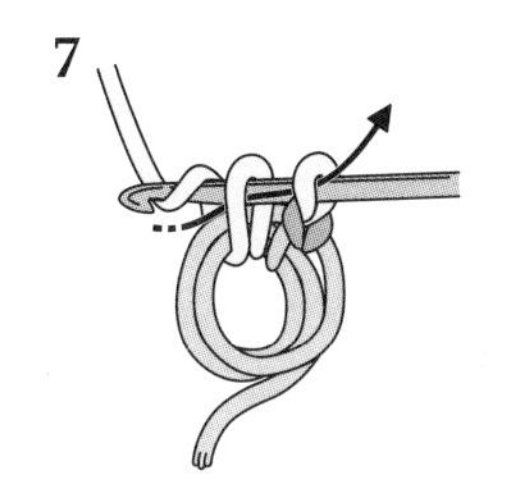

针尖挂线，引拔，钩织短针。

8

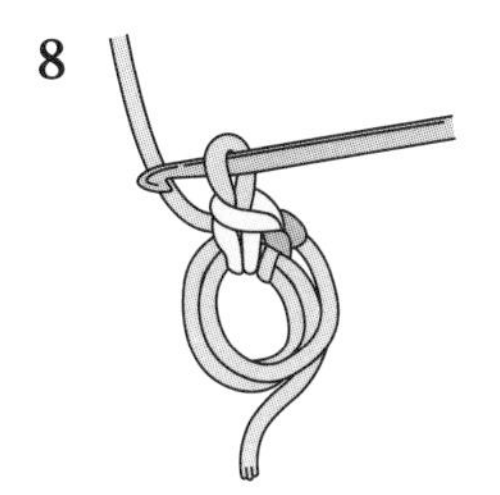

1针短针钩织完成。随后按照同样的方法钩织。

9

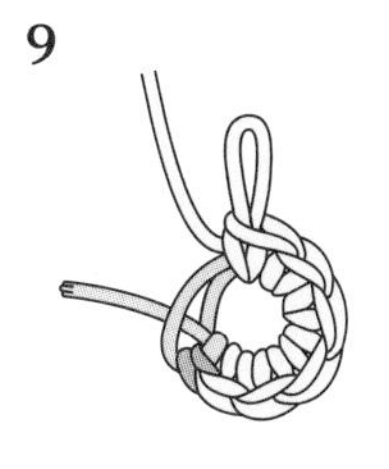

第1行钩织了6针短针后的样子。

10

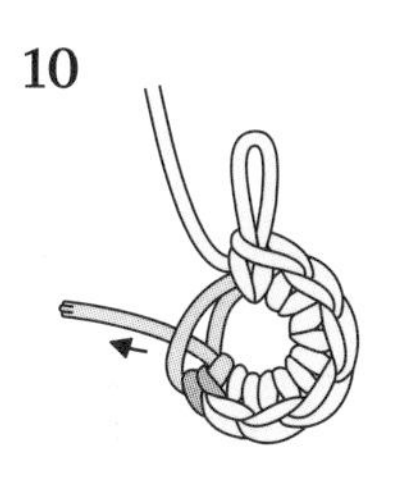

第1行钩织完成后，将中心的环收紧，轻拉线头，2根线环中，离线头较近的一根将会移动。

11

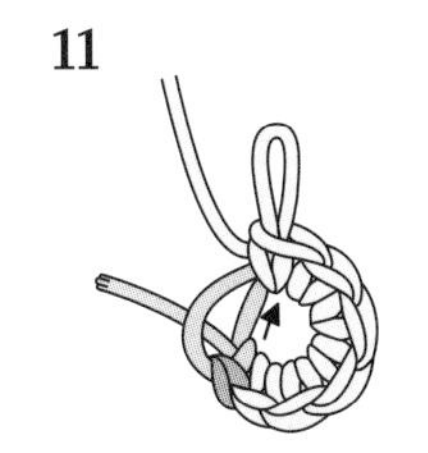

拉移动的线，离线头较远的环将会缩小（拉动的那根线的线环将会留下）。

12

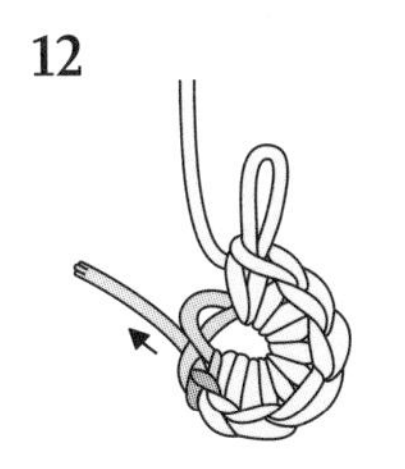

拉线头，离线头较近的环也将收紧。

13

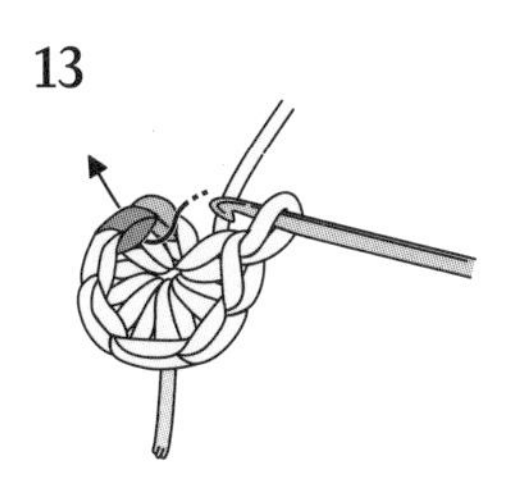

在第1行的编织终点，挑取第1针短针的头部2根线。

14

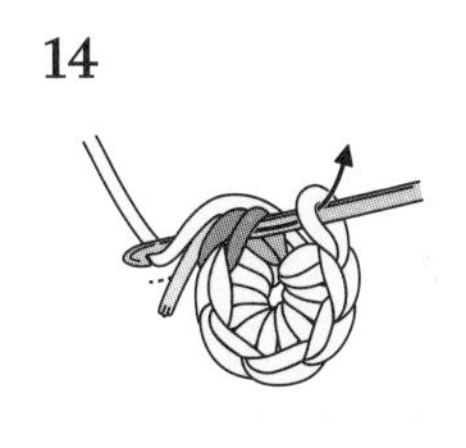

在针上挂线后引拔。

15

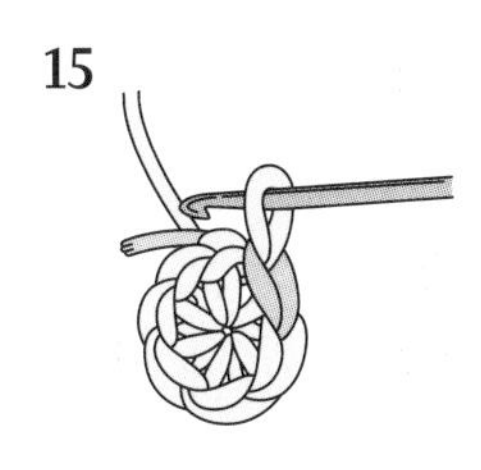

第1行钩织完成。

将锁针连成环形的起针

1

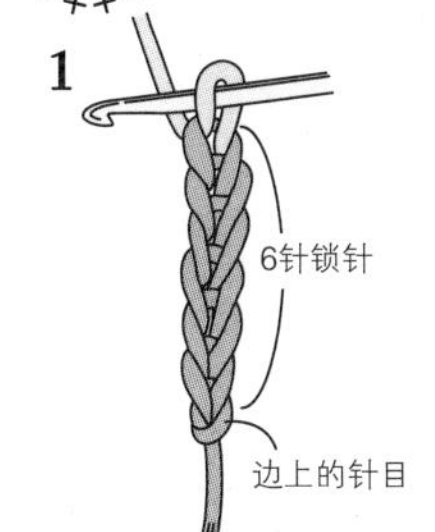

钩织所需数量（这里是6针）的锁针。

2

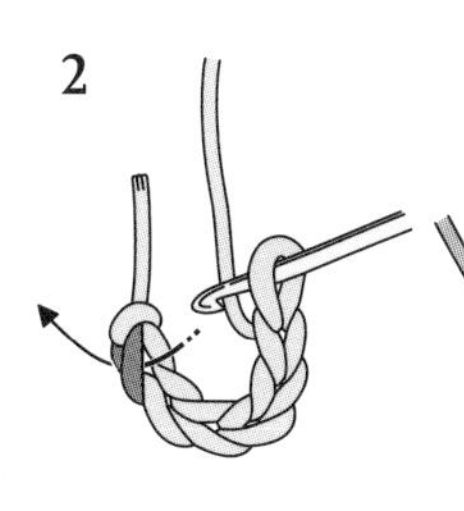

在第1针锁针上引拔。

3

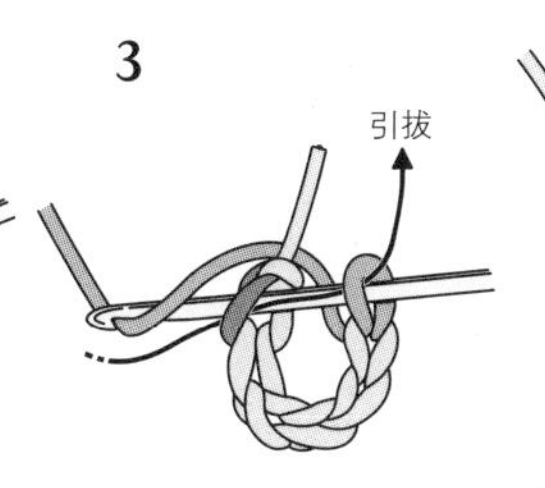

挑取锁针的半针和里山，针尖上挂线，引拔。

4

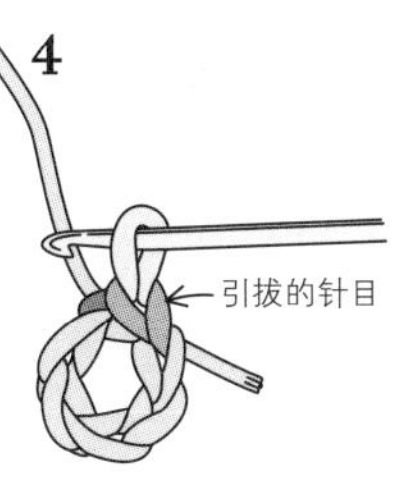

将锁针连成了环形。

5

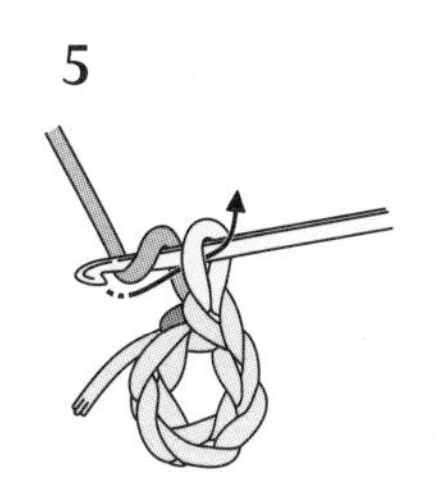

钩织1针立起的锁针。

6

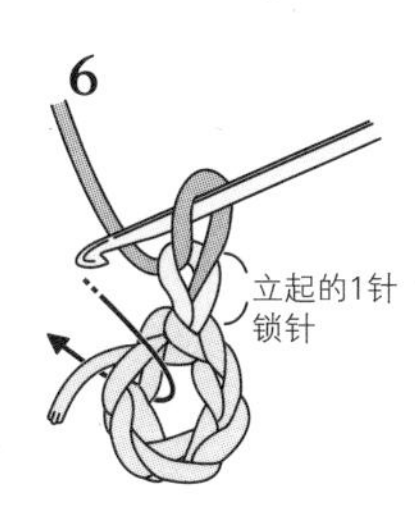

随后将针插入环中，同时挑取线端，钩织第1行。

编织符号和编织方法

⬭ 锁针

这是最基本的针目，也可以作为其他针目的起针(基础针)来使用。

1

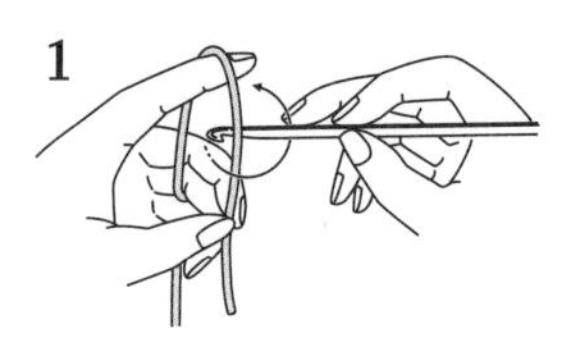

线头留出10cm左右，将针放在线的后面，针尖按照箭头的方向绕一圈，将线卷绕在针上面。

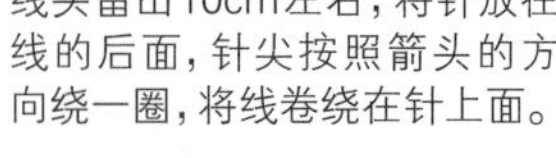

2

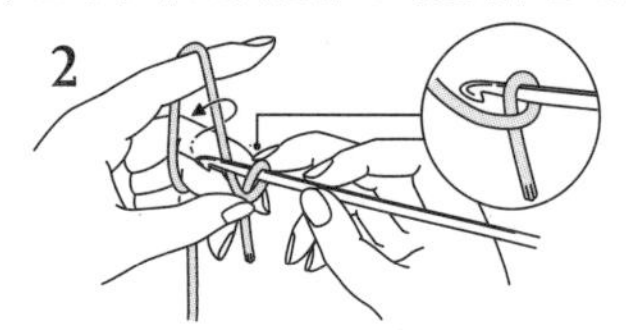

捏住线的交叉点的同时，按照箭头的方向移动钩针以挂线。

3

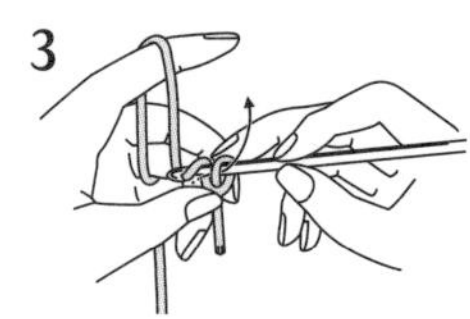

将挂在针尖的线拉出。

4

拉线头，将线环收紧。这将成为边上的针目，不计算在针数里。

5

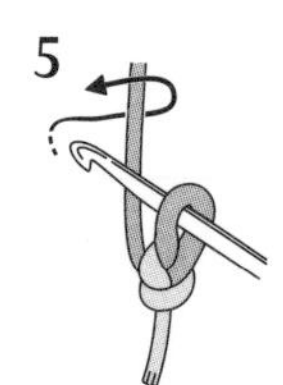

针放在线的前面，按照箭头方向移动以挂线。

6

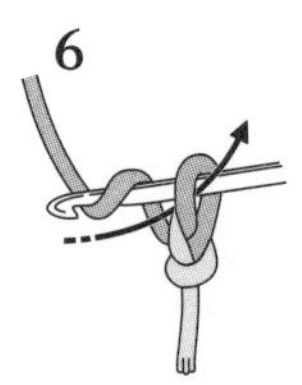

针尖上挂线，从挂在针上的线圈中拉出。

7

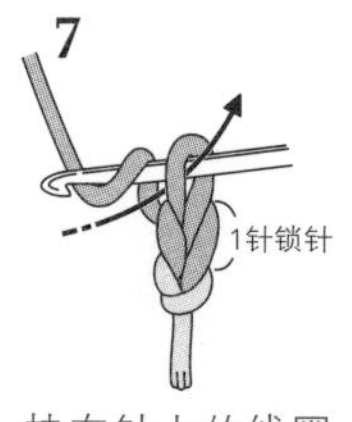

挂在针上的线圈下，出现了1针锁针。继续在针尖上挂线，拉出，钩织。

8

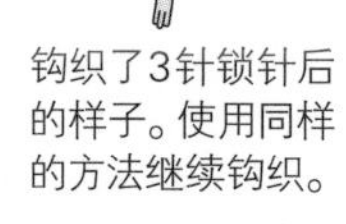

钩织了3针锁针后的样子。使用同样的方法继续钩织。

⬬ 引拔针

辅助的编织方法，可用于将针目与针目连接在一起的情况。

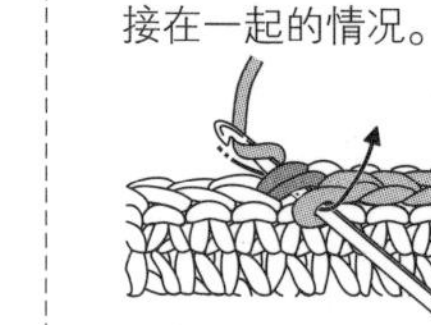

针尖上挂线，引拔。

◎锁针的挑针方法

•挑取锁针的里山

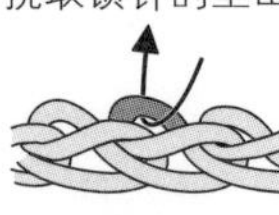

锁针的形状不会被破坏，完成后很漂亮。

•挑取锁针的半针和里山

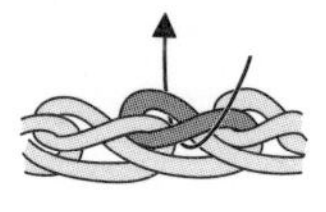

易于挑取，有稳定感，很结实。

◎锁针的编织起点可以拆开

锁针作为起针使用时，如果第1行钩织完成后发现起针数少了的话，也不能再钩织出来了，为了以防万一，可以多钩织几针备用。多余的锁针可以参照图示拆开。

1

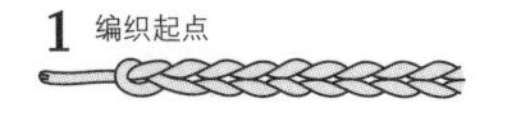

锁针的编织起点。

2

将连着线头的线拉出。

3

继续将连着的线拉出。

4

插入钩针，将线拉出。

5

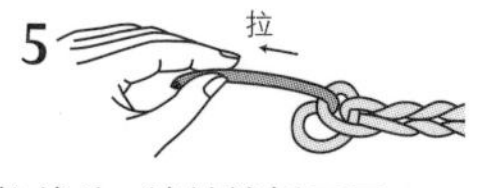

拉线头，锁针就拆开了。

※除锁针之外的编织方法，如果没有起针等基础针，就无法钩织。另外，为了使针目的高度一致，需要在每一行的编织起点处钩织“立起的”锁针。

＋ 短针

钩织1针“立起的”锁针，由于这一针较小，不计算在针数中。

1

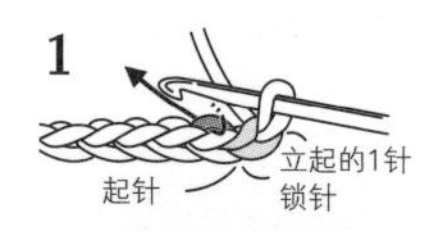

钩织1针立起的锁针，挑取起针的边上的针目。

2

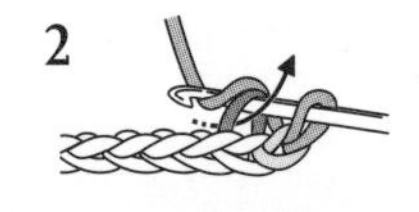

针尖上挂线，拉出。这个状态被称为“未完成的短针”。

3

针尖上挂线，从2个线圈中一次性引拔出。

4

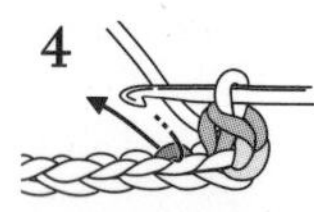

1针钩织完成。

5

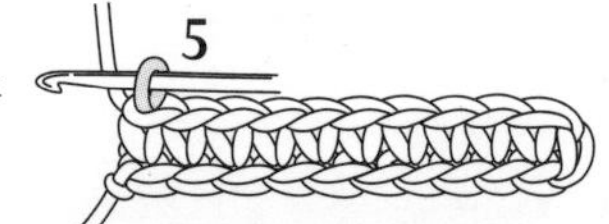

使用同样的方法继续钩织。这是10针钩织完成后的样子。

干 长针

钩织3针“立起的”锁针，立起的针目算作1针。

1

钩织3针立起的锁针，在针上挂线。

2

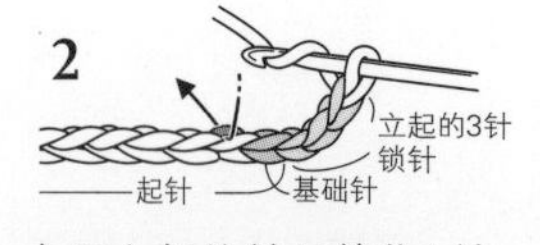

由于立起的针目算作1针，所以从起针的边上的第2针上挑针。

3

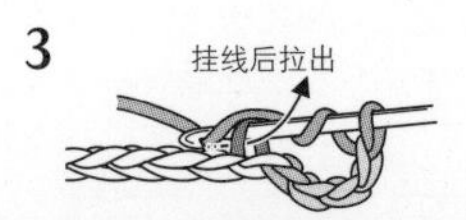

针尖上挂线，将线拉出至2个锁针左右的高度。

4

针尖上挂线，从2个线圈中引拔。

5

这个状态被称为“未完成的长针”。再一次在针尖上挂线，从剩余的2个线圈中引拔出。

6

1针钩织完成。由于立起的针目算作1针，因此这是第2针钩织完成后的样子。

7

使用同样的方法继续钩织。

8

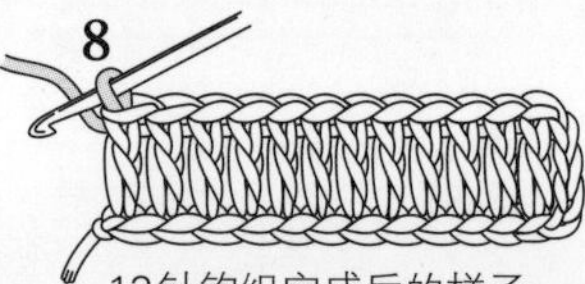

13针钩织完成后的样子。

中长针

高度介于短针和长针之间的针目。"立起的"锁针是2针，立起的针目计算为1针。

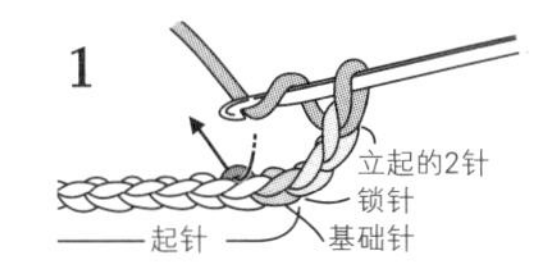

钩织2针立起的锁针，针上挂线，从起针的边上的第2针上挑针。

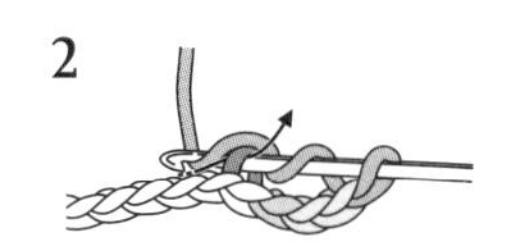

针上挂线，将线拉出至2个锁针左右的高度。

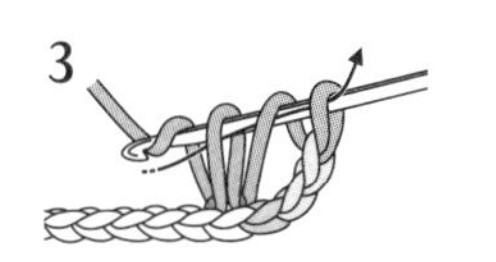

这个状态被称为"未完成的中长针"。针上挂线，从挂在针上的3个线圈中一次性拉出。

1针钩织完成。由于立起的针目算作1针，因此这是2针钩织完成后的样子。

长长针

比长针还高1个锁针高度的针目。在针上绕2圈线后钩织。"立起的"锁针为4针，立起的针目也计算为1针。

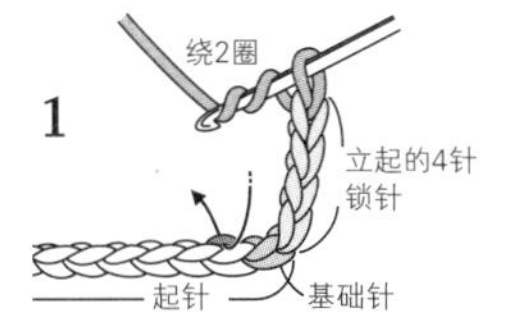

钩织4针立起的锁针，在针上绕2圈线，从起针的边上的第2针上挑针。

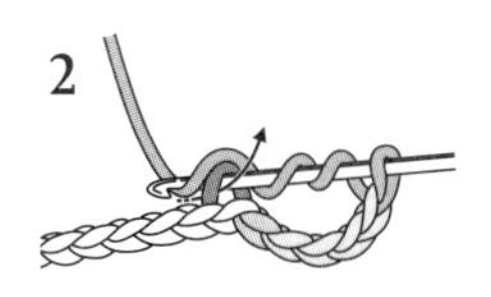

针上挂线后拉出。

将线拉出至2个锁针左右的高度。

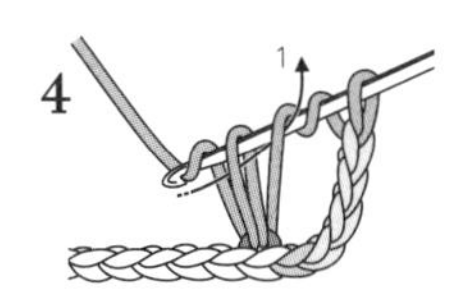

针上挂线，从2个线圈中引拔出。

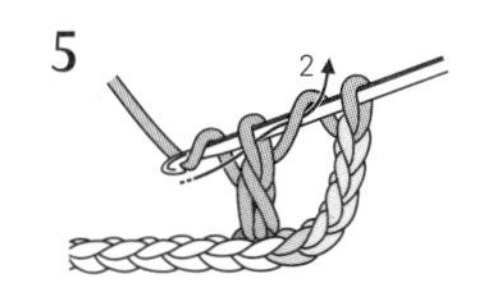

再一次在针上挂线，从2个线圈中引拔出。

这个状态被称为"未完成的长长针"。再一次在针上挂线，从剩余的2个线圈中引拔出。

1针钩织完成。由于立起的针目算作1针，因此这是2针钩织完成后的样子。

在针上绕2圈线，使用同样的方法继续钩织。

3卷长针

比长长针再高1个锁针高度的针目。在针上绕3圈线后开始钩织。"立起的"锁针为5针，立起的针目计算为1针。

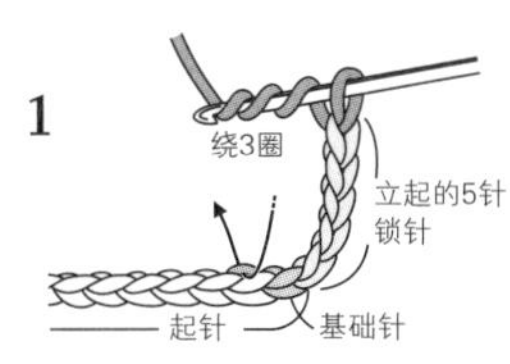

钩织5针立起的锁针，在针上绕3圈线。从起针的边上的第2针上挑针。

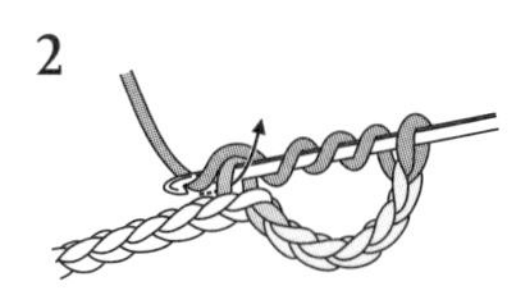

针上挂线，将线拉出至2个锁针左右的高度。

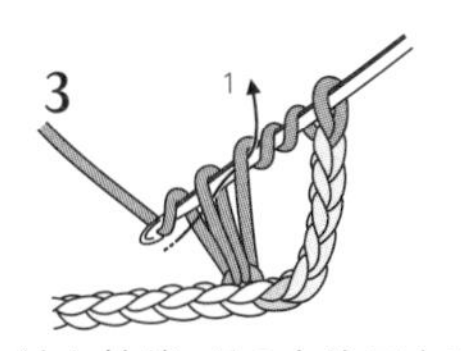

针上挂线，从2个线圈中引拔出。

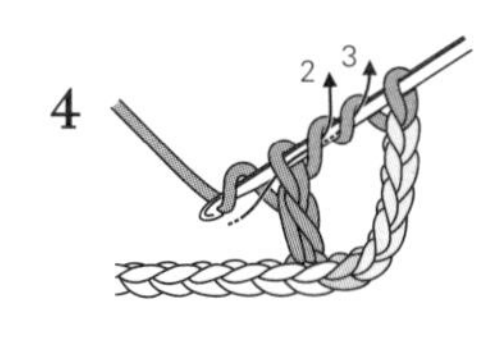

再一次在针上挂线，从2个线圈中引拔。又再一次在针上挂线，从2个线圈中引拔出。

这个状态被称为"未完成的3卷长针"。再一次在针尖上挂线，从剩余的2个线圈中引拔。

1针钩织完成。由于立起的针目算作1针，因此这是2针钩织完成后的样子。

卷线编织

※在针上绕线的次数，以编织方法中标示的数量为准。

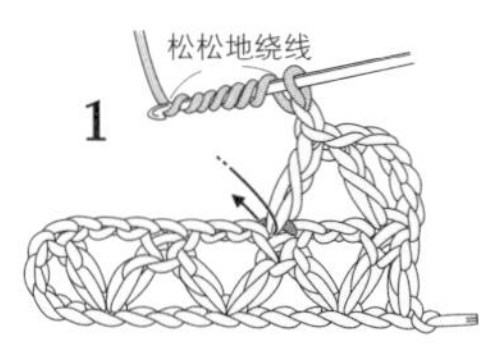

在针上绕指定次数的线，挑起前一行的针目。

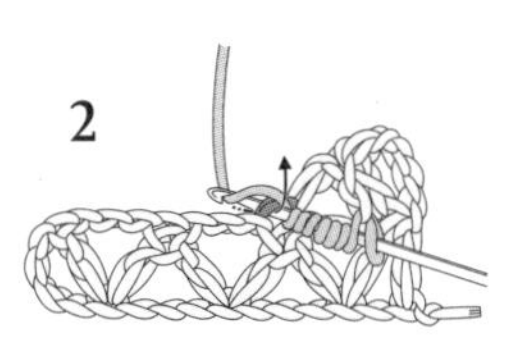

挂线后拉出。

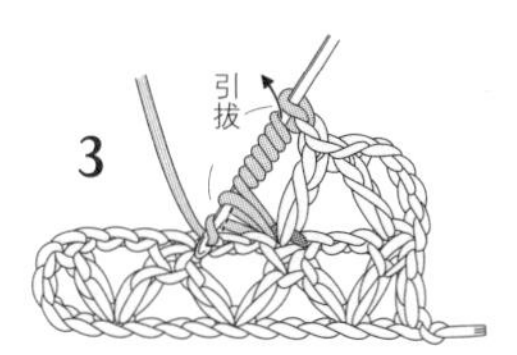

针上挂线，从拉出的线圈和绕在针上的线圈中一次性引拔出。

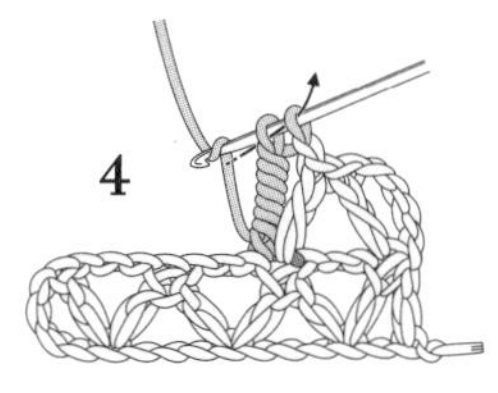

针上挂线，从剩余的2个线圈中引拔出。

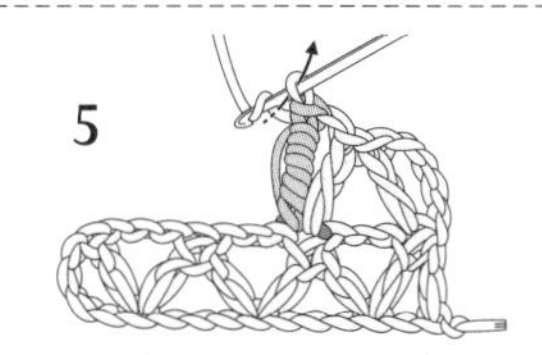

"卷线编织"钩织完成。继续钩织。

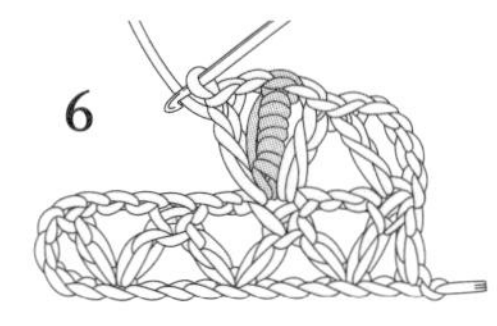

成为卷线针状的针目。

加针、减针、其他针目

无论是哪种编织方法，针数的多少，都不会对编织方法产生影响。

1针放2针长针（钩织在同一针目上）

1

钩织1针长针，针上挂线，将针插入同一个位置。

2

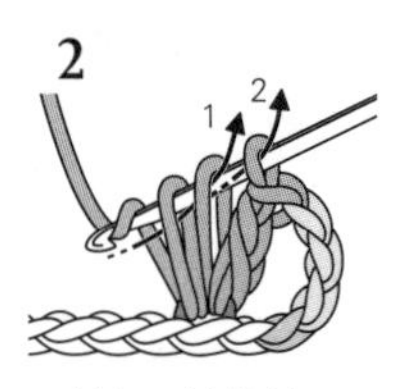

再钩织1针长针。

3

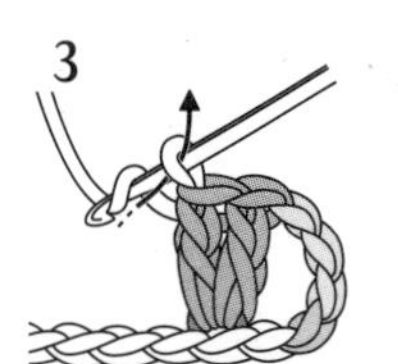

1针放2针长针完成。符号的根部是连在一起时，需钩织在同一针目上。

1针放2针长针（整段挑起）

1

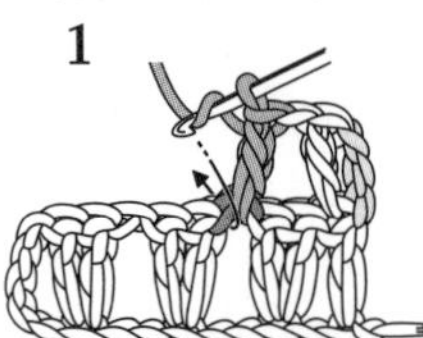

整段挑起前一行锁针的线圈钩织长针。挑取同一线圈再钩织1针。

2

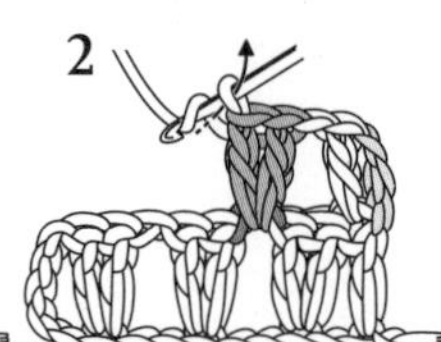

1针放2针长针完成。符号的根部是分开的情况时，需整段挑起钩织。

1针放2针短针（钩织在同一针目上）

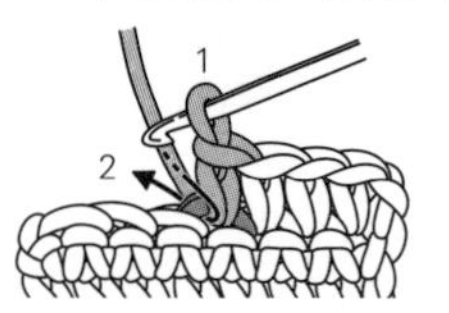

钩织1针短针，再在同一针目上钩织1针短针。

2针短针并1针

1

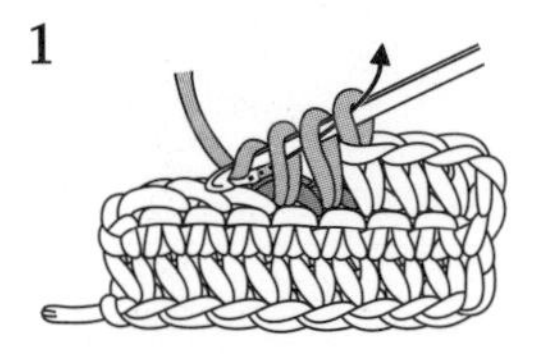

针上挂线后拉出，下一针也在针上挂线后拉出（2针未完成的短针）。针上挂线后从3个线圈上一次性引拔出。

2

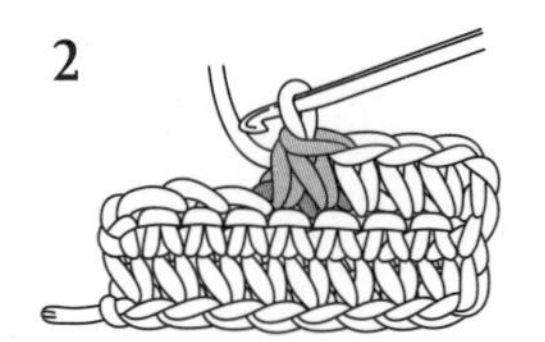

2针短针并1针完成。

3针锁针的狗牙针（钩织在长针上）

1

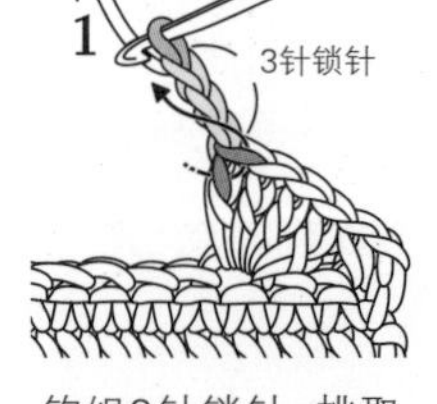

钩织3针锁针，挑取狗牙针根部的长针的头部的半针和下侧1根线。

2

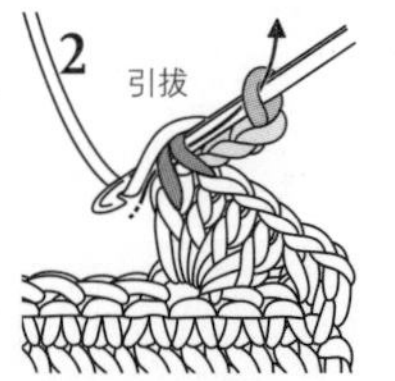

在针尖上挂线，引拔。

3

狗牙针钩织完成。

4针长针并1针

1

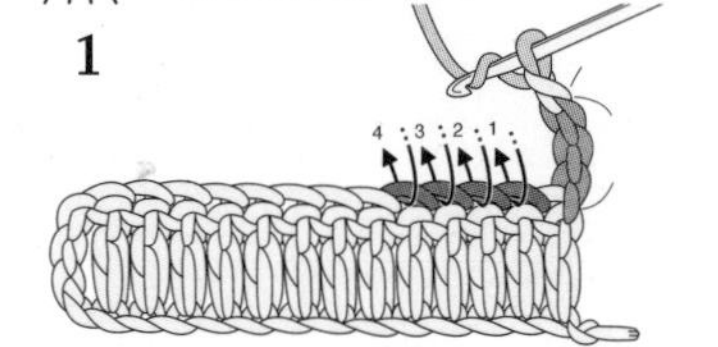

针上挂线，依次从前一行的针目上挑针钩织未完成的长针。

2

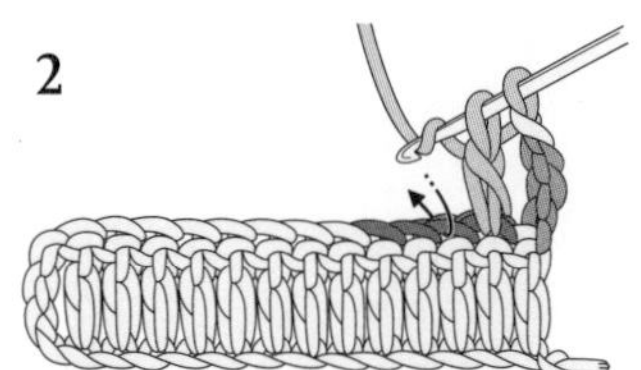

这是第1针未完成的长针钩织完成后的样子。

3

未完成的4针长针

钩织了4针未完成的长针后，在针上挂线，从挂在针上的5个线圈中一次性引拔出。

4

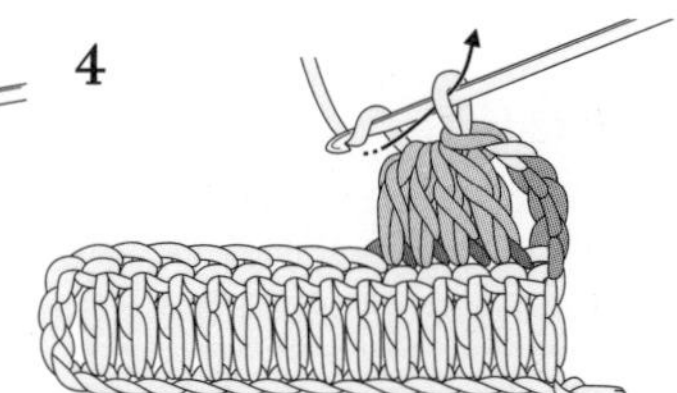

4针变为了1针，“4针长针并1针”完成（变为减3针的状态）。继续钩织下一针后，针目将稳定下来。

长针1针交叉

1

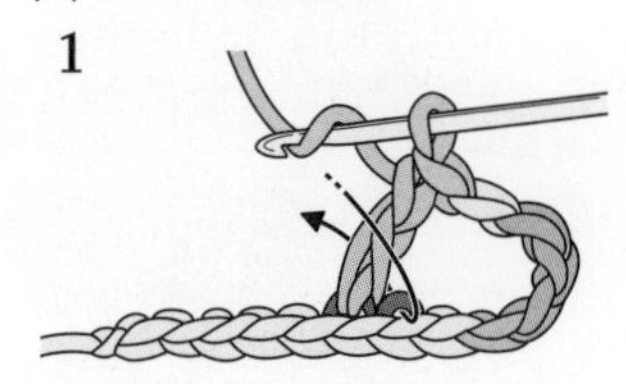

先钩织针头在右侧的长针，针上挂线，挑取前一针的针目。

2

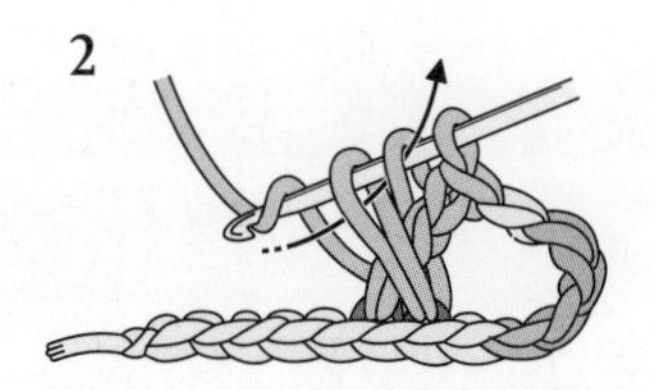

包裹着刚刚钩织的长针将线拉出，针上挂线从2个线圈中引拔出。

3

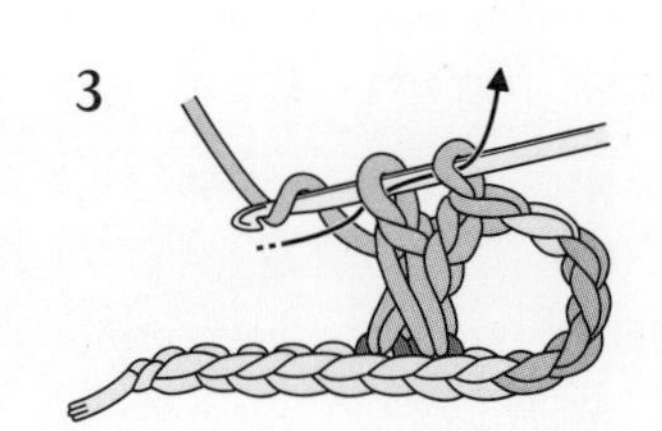

再次在针上挂线，从2个线圈中引拔出（钩织长针）。

4

长针1针交叉钩织完成。

3针中长针的枣形针（钩织在同一针目上）

1

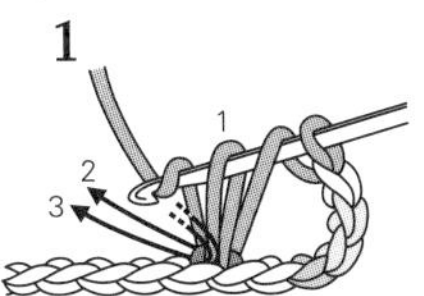

针上挂线后拉出，钩织未完成的中长针（参见第99页的中长针步骤3），在同一针目上再重复2次以上的操作，共钩织3针未完成的中长针。

2

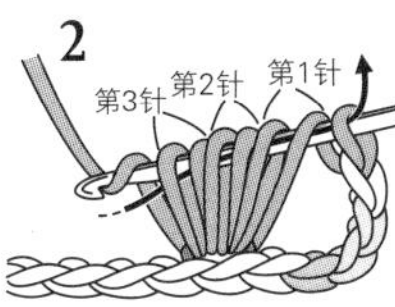

针上挂线，从针上挂着的7个线圈中一次性引拔出。

3

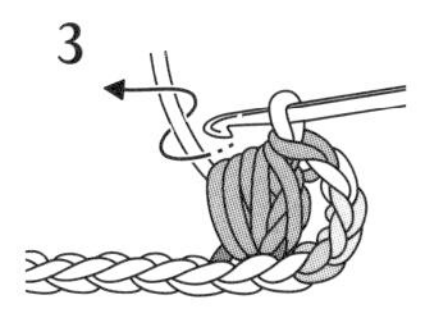

完成。钩织下一针后，针目将稳定下来。完成后，针目的头部将偏右一些。符号的根部都连在一起时，所有的未完成的针目均钩织在同一针目上。

3针中长针的枣形针（整段挑起）

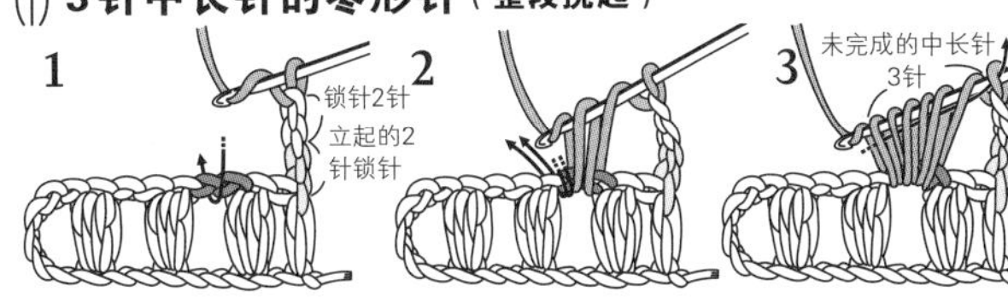

1 符号的根部是分开的情况时，需整段挑起前一行的锁针。

2 针上挂线后拉出，作为未完成的中长针，再重复2次以上的操作，共钩织3针未完成的中长针。

3 针上挂线，从挂在针上的全部7个线圈中一次性引拔出。

短针的反拉针

1

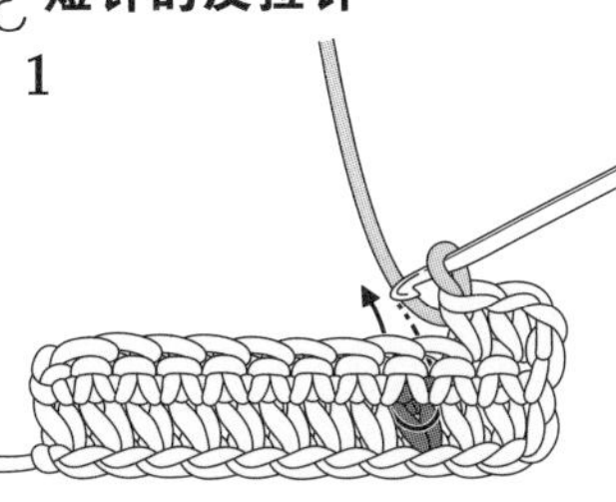

挑取前2行针目根部的全部，从后面入针后面出针。

2

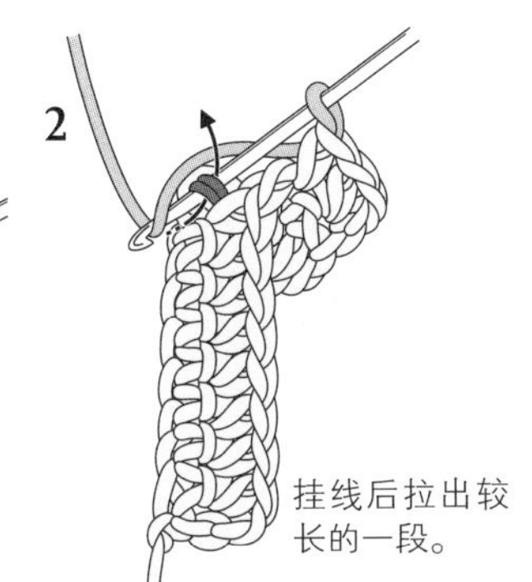

挂线后拉出较长的一段。

3

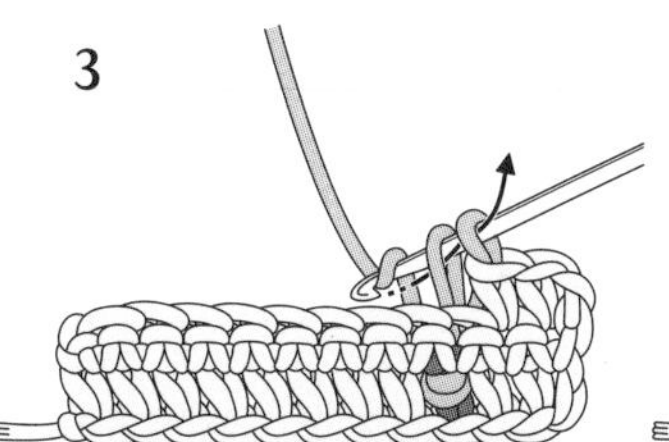

针上挂线，从挂在针上的2个线圈中引拔（钩织短针）出。

4

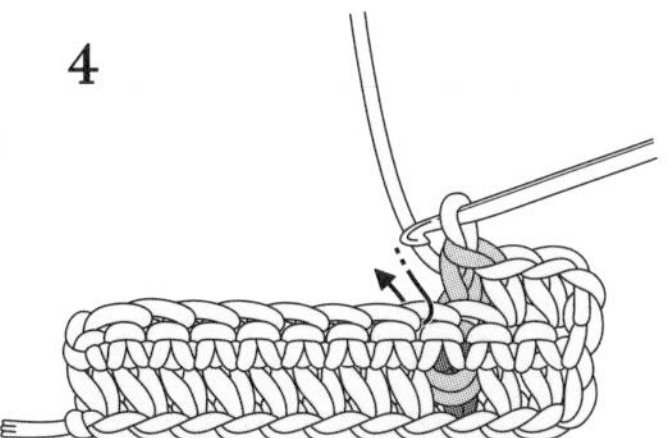

"短针的反拉针"钩织完成。跳过面前的前一行的1针，在下一针上钩织。

变化的3针中长针的枣形针

1

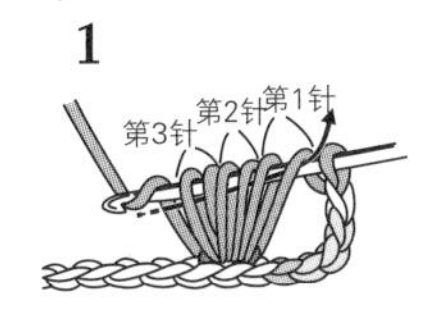

在同一针目上钩织3针未完成的中长针，针上挂线，从挂在针上的6个线圈中引拔出。

2

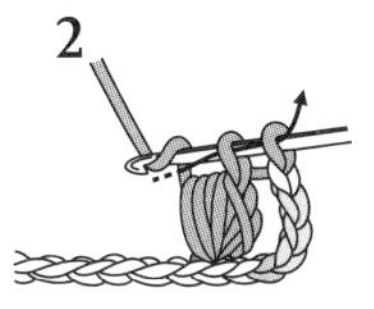

再一次在针上挂线，从剩余的2个线圈中引拔出。

3

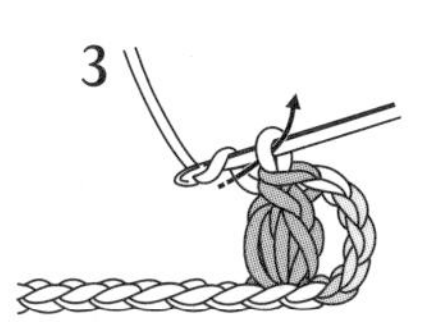

这样钩织出的针目与枣形针不会错开。符号的根部都连在一起时，所有的未完成的针目均钩织在同一针目上。

长针的正拉针

※入针时，钩子的部分要挑取所挂住的针目的根部的全部。

1

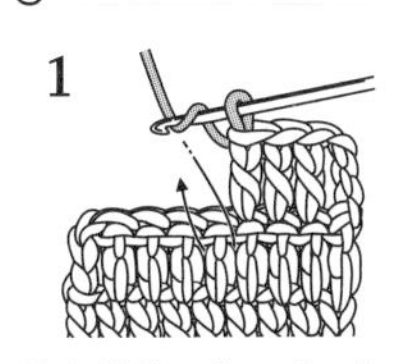

针上挂线，钩子（↓）要挑取所挂住的针目的根部的全部，从前面入针。

2

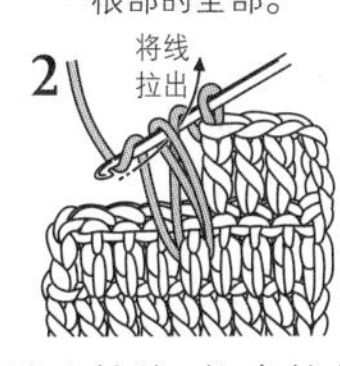

针上挂线，拉出较长的一段，再次在针上挂线，从挂在针上的2个线圈中引拔出。

3

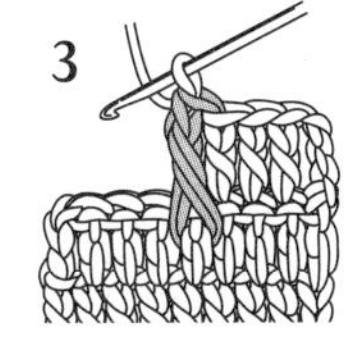

再次在针上挂线，从2个线圈中引拔。长针的正拉针钩织完成。

短针的条纹针

钩织时挑取前一行头部的半针，另外的半针作为条纹保留下来。

● 往返编织的情况

1

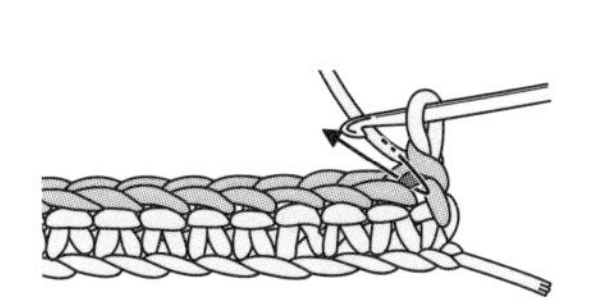

第1行钩织普通的短针，第2行（看着反面钩织的行）挑取前一行的头部的前面的半针钩织短针。

2

为了让条纹留在正面，所以要挑取前面的半针钩织短针。

3

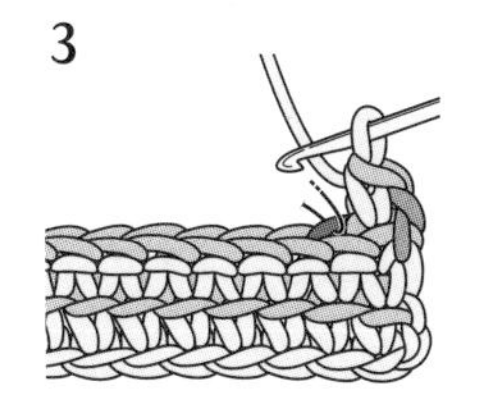

第3行（看着正面钩织的行）挑取前一行的头部的后面半针钩织短针。

4

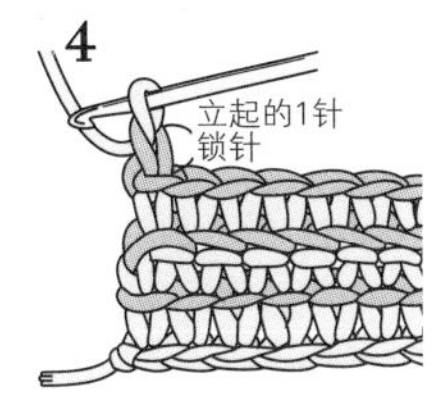

钩织第4行立起的锁针。继续钩织，钩织时注意要将正面头部的半针留出来。

● 环形编织的情况

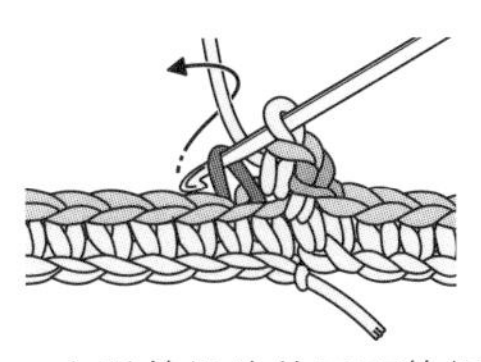

一直看着织片的正面钩织时，每一次都是挑取前一行头部后面的半针钩织短针。

接缝、缝合方法

将2片织片连接在一起时，有时需要将行与行之间接合在一起，有时需要将针与针之间接合在一起。

短针和锁针的接合

将织片正面相对，挑取针目的头部同时重复钩织短针、锁针，将织片接合在一起。

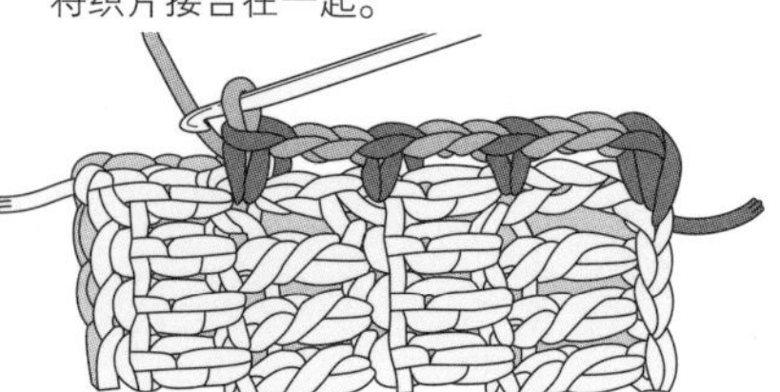

挑针缝合1

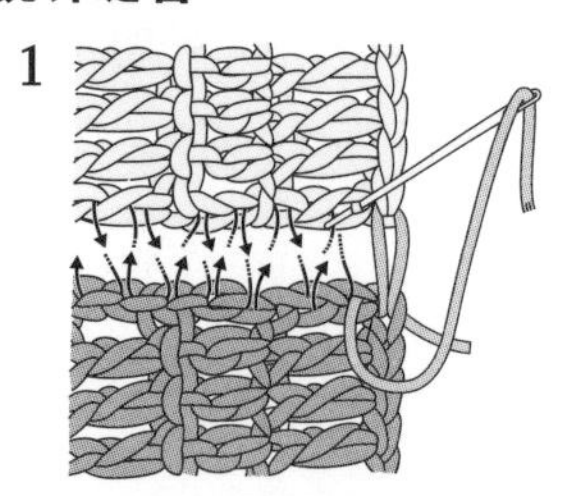

1 看着织片的正面，将2片织片对齐，劈开边上的针目入针。

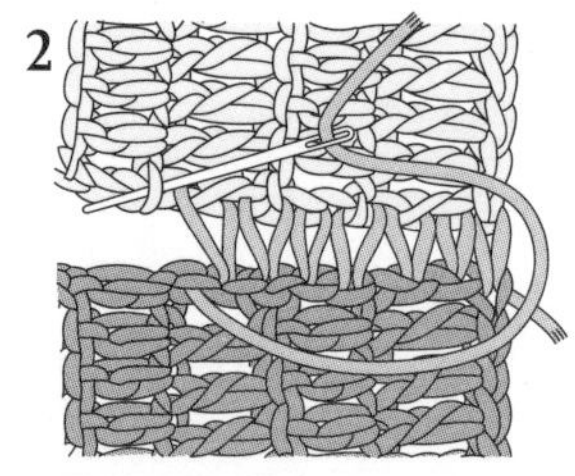

2 交替挑取针目的2根线，将其缝合在一起。

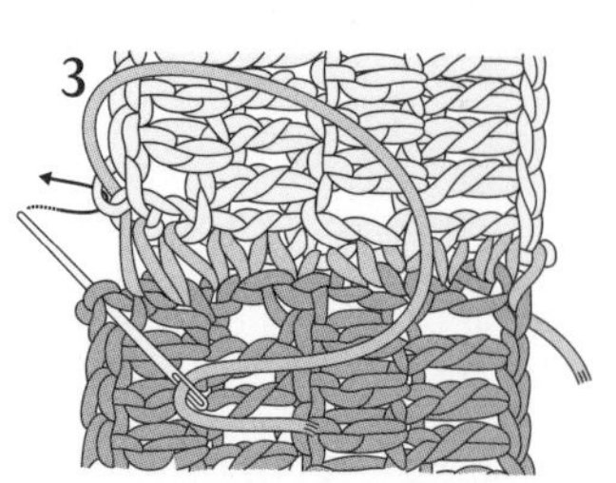

3 最后按照箭头的方向入针。

※实际操作中，要一边缝合一边将每一针的缝合线拉至看不见为止。

卷针缝缝合1

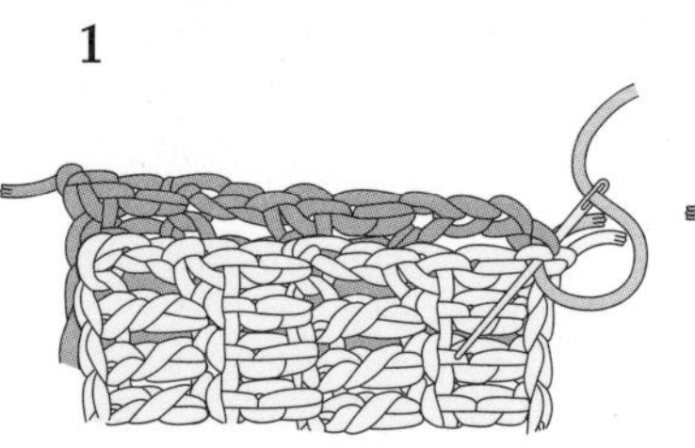

1 将2片织片正面相对，将毛线缝针插入2片起针的锁针之间。

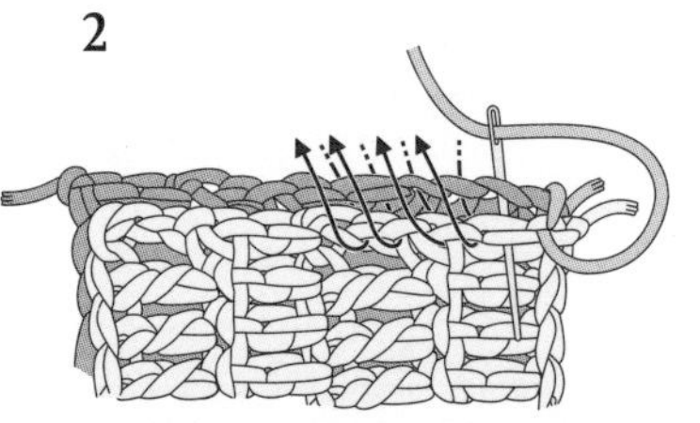

2 毛线缝针总是按照同一方向入针，2片织片缝合时均劈开边上的针目，1个长针上缝2~3针，缝合时将缝合线卷绕固定。

3 缝合终点，再在同一位置缝1~2次紧固，将线头藏在反面。

挑针缝合2

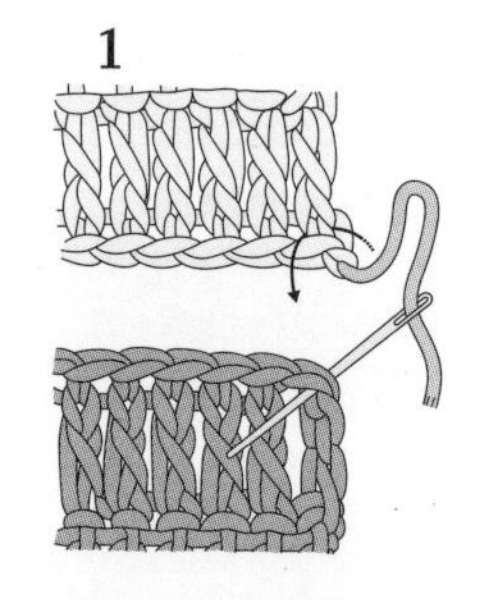

1 看着织片的正面，将2片织片对齐，在长针头部的内侧入针（使用一侧织片的编织终点的线缝合为佳）。

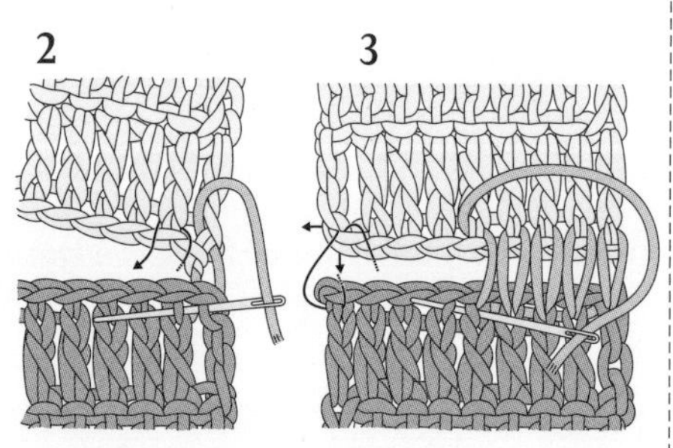

2 入针时，较远织片挑取1针，较近织片挑取半针和接下来的半针。

3 交替重复。

※实际操作中，要一边缝合一边将每一针的缝合线拉至看不见为止。

卷针缝缝合2

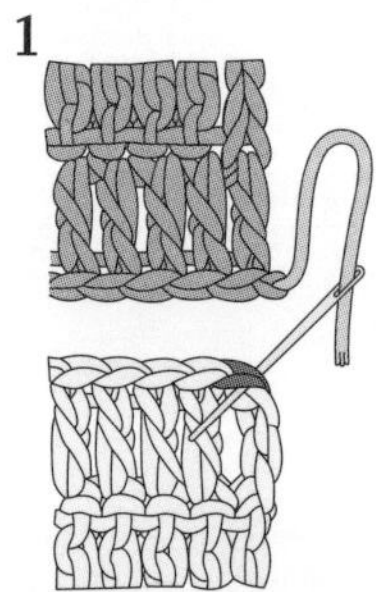

1 将2片织片正面朝上对齐，分别挑取最后一行头部的2根线（使用一侧织片的编织终点的线缝合为佳）。

2 一针一针地缝，毛线缝针总是按照同一方向入针。由于缝合线在外面直接能够看到，因此拉线的松紧需一样。

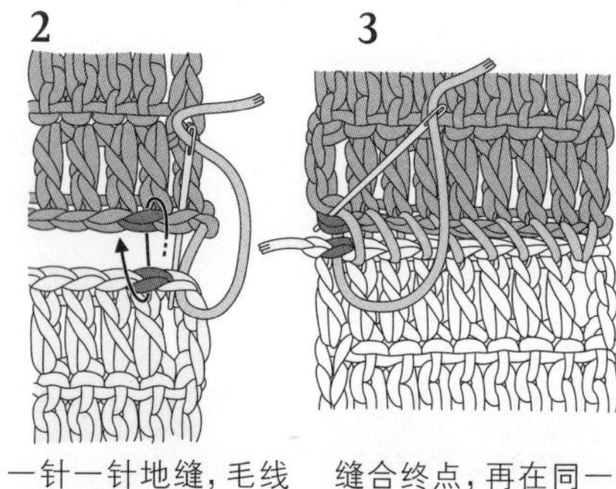

3 缝合终点，再在同一位置缝1~2次将更加牢固，将线头藏在反面。

※也可挑取头部半针的1根线缝合。

引拔接合

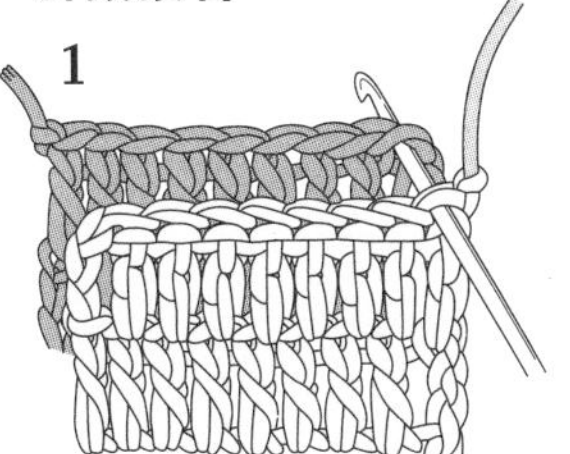

将2片织片正面相对对齐，将针插入最后一行针目的头部各2根线中。

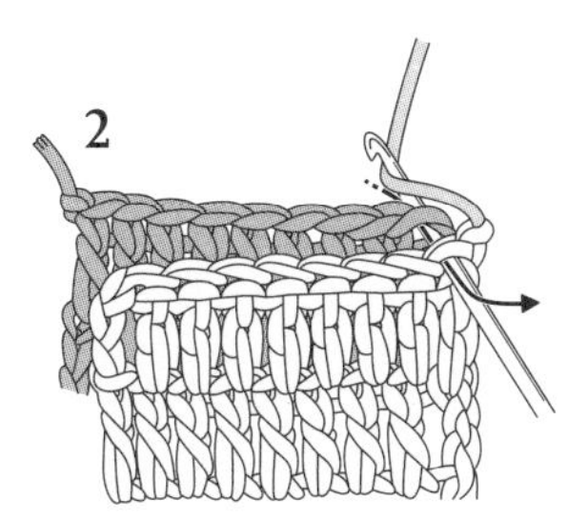

在针上挂线后拉出(使用一侧织片的编织终点的线缝合为佳)。

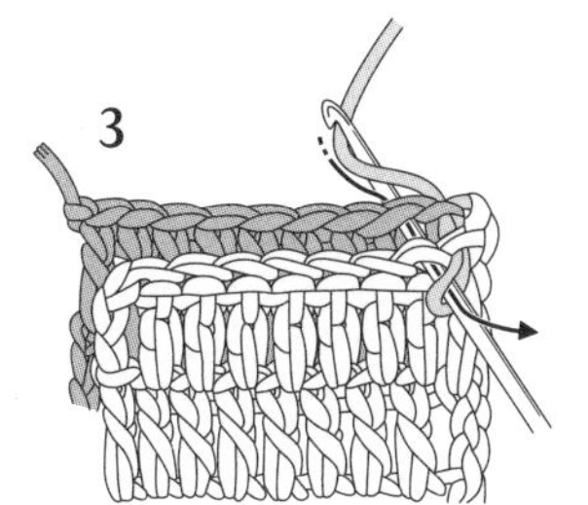

一针一针地引拔。

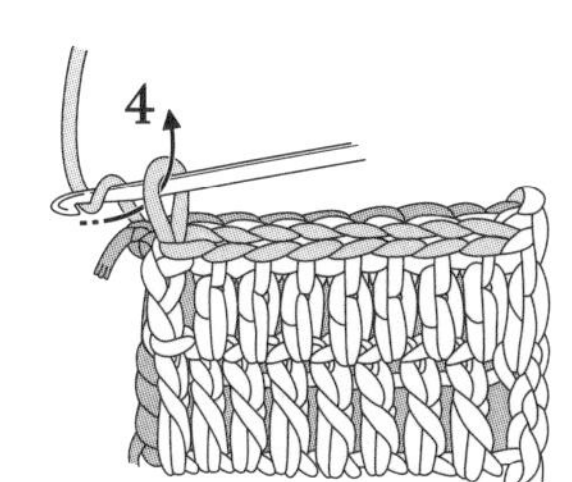

接合终点，再一次挂线后引拔，将针目收紧。

细绳的编织方法

罗纹绳

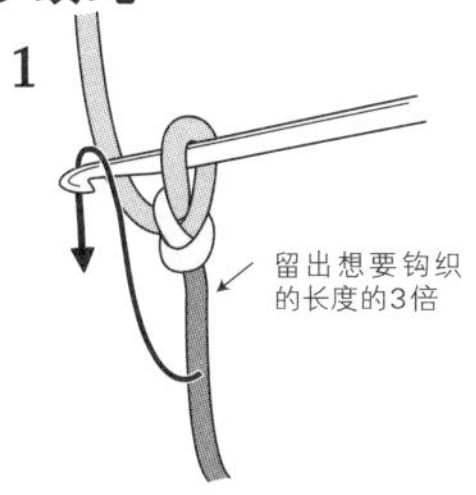

线头留出想要钩织的长度的3倍，做出锁针起针的边上的针目。将线由前向后挂到针上。

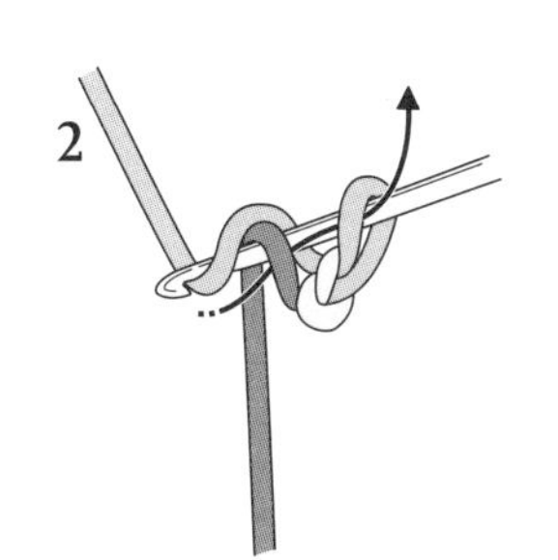

针上挂线，线头也一起引拔(锁针)。

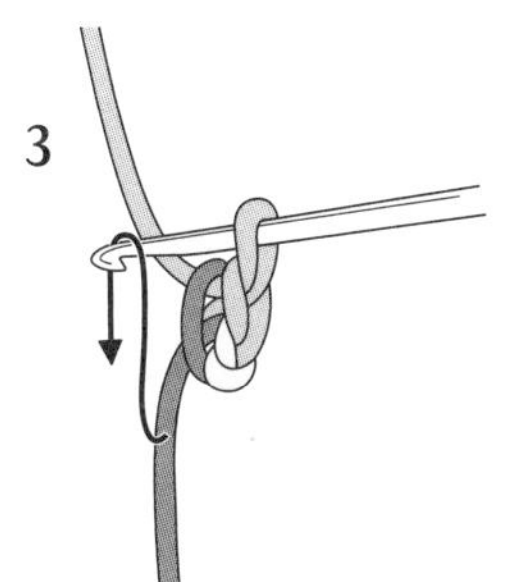

1针钩织完成。下一针也将线端由前向后挂到针上。

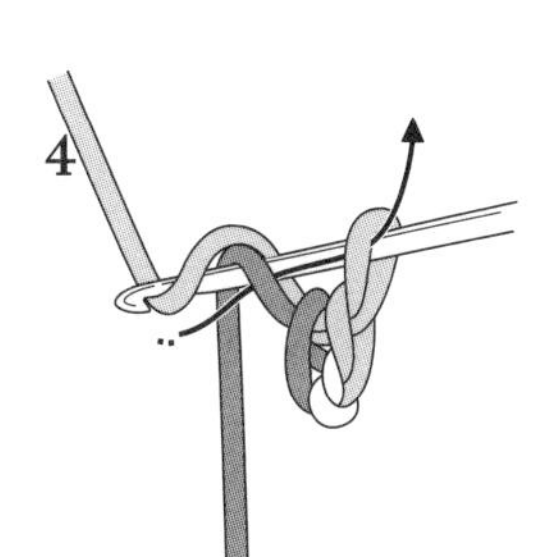

一起引拔钩织锁针。

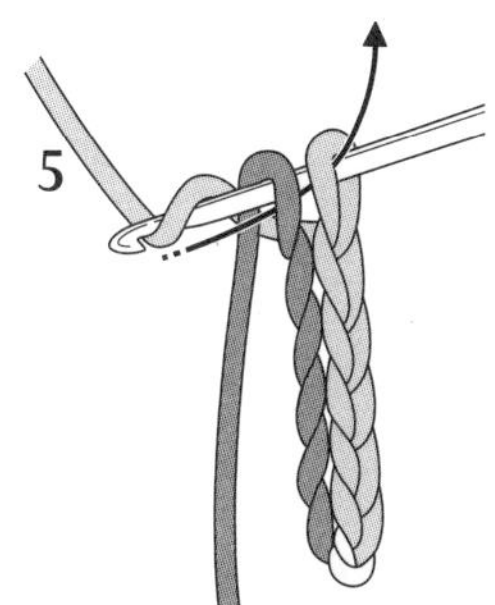

重复步骤3、4，编织终点做引拔锁针。

虾形绳

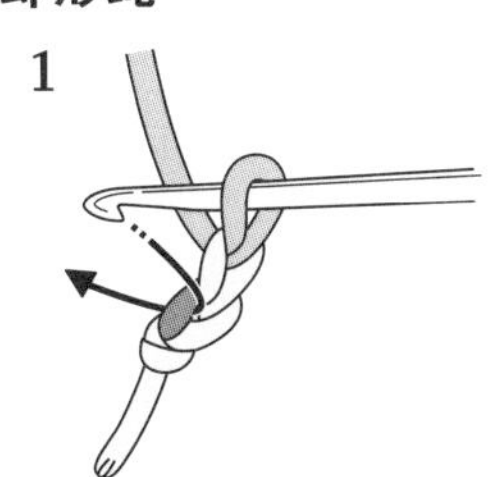

钩织2针锁针，用针挑取第1针的半针和里山。

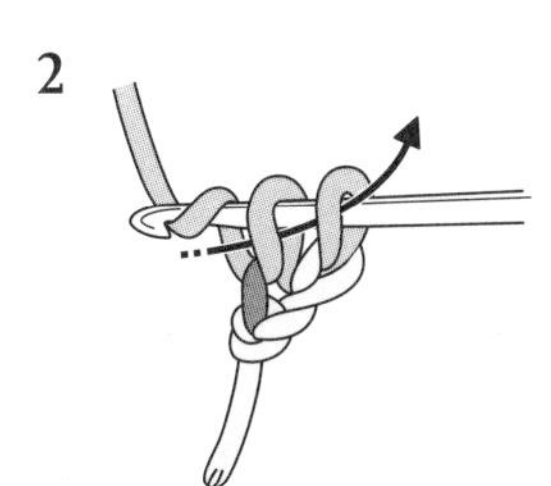

将线拉出，针上挂线，从2个线圈中引拔出(钩织短针)。

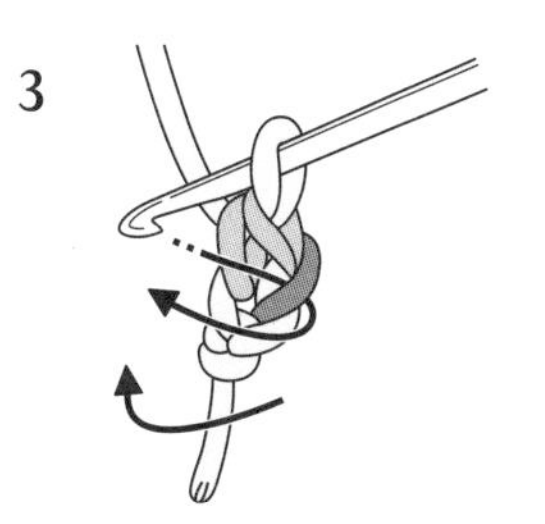

将针插入步骤1的第2针锁针的半针中，直接将织片向左转。

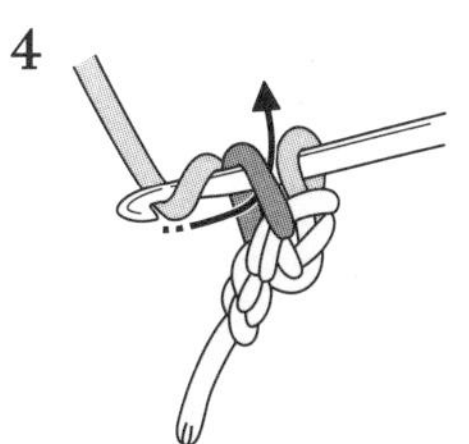

挂线后拉出。

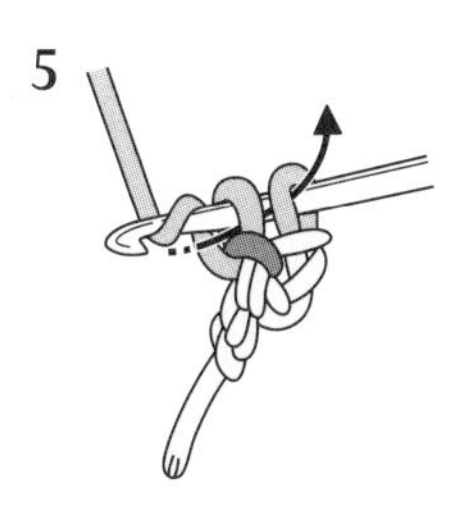

针上挂线，从2个线圈中引拔出(钩织短针)。

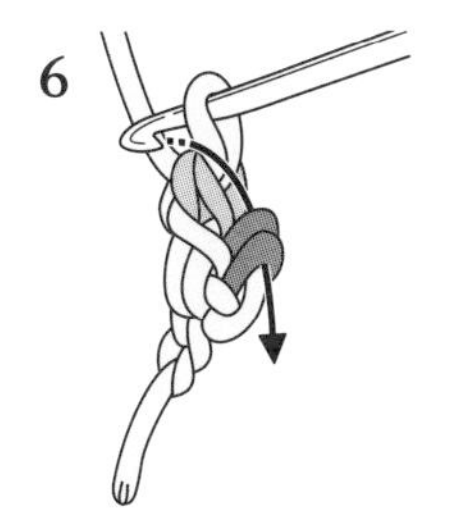

按照箭头的方向入针，挑起2个线圈。

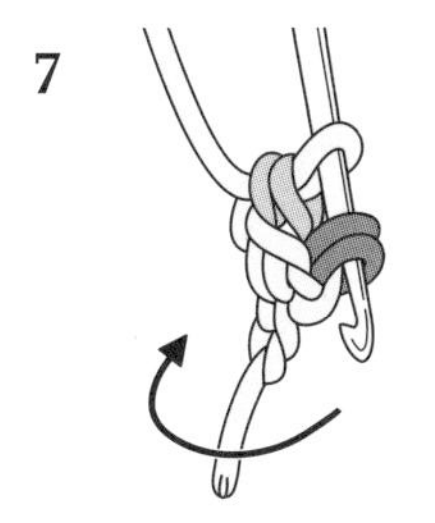

保持插入钩针的状态，将织片向左转。

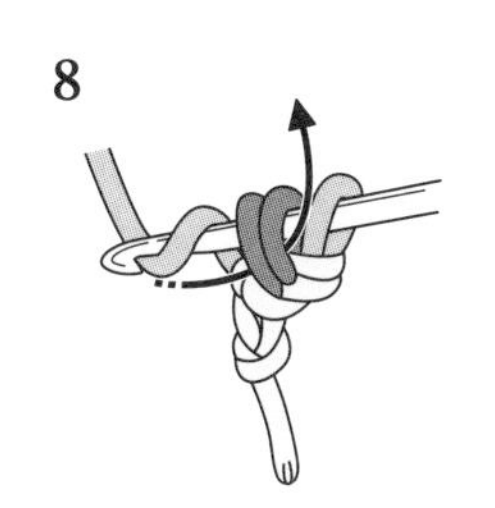

在针上挂线后拉出。

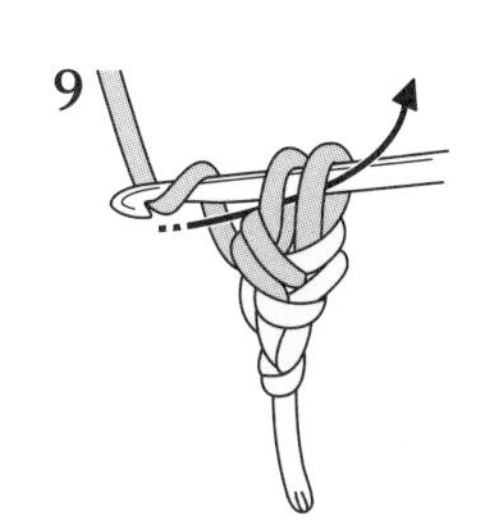

在针尖上挂线，从2个线圈中引拔出(钩织短针)。

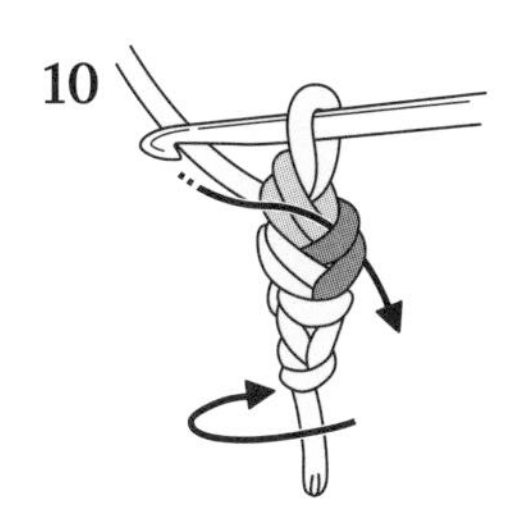

重复步骤6~9，将织片向左转的同时钩织短针。最后直接引拔出。

Photographers: YUKARI SHIRAI
Original Japanese edition published in Japan by NIHON VOGUE CO., LTD.,
Simplified Chinese translation rights arranged with BEIJING BAOKU INTERNATIONAL CULTURAL DEVELOPMENT Co., Ltd.

备案号：豫著许可备字-2019-A-0085

图书在版编目（CIP）数据

奇妙的钩针编织/日本宝库社编著；冯莹译. —郑州：河南科学技术出版社，2019.10（2021.10重印）
ISBN 978-7-5349-9620-7

Ⅰ.①奇… Ⅱ.①日… ②冯… Ⅲ.①钩针—编织—图解 Ⅳ.① TS935.521-64

中国版本图书馆CIP数据核字（2019）第180659号

出版发行：河南科学技术出版社
地址：郑州市郑东新区祥盛街27号 邮编：450016
电话：（0371）65737028 65788613
网址：www.hnstp.cn
策划编辑：刘 欣
责任编辑：刘 欣
责任校对：马晓灿
封面设计：张 伟
责任印制：张艳芳
印 刷：郑州新海岸电脑彩色制印有限公司
经 销：全国新华书店
开 本：889 mm × 1194 mm 1/16 印张：6.5 字数：150 千字
版 次：2019年10月第1版 2021年10月第 4 次印刷
定 价：49.00元

如发现印、装质量问题，影响阅读，请与出版社联系并调换。